Valentina Kurscheid

Tierisch kreativ!

Spielzeug, Accessoires und Leckeres für Katzen

Inhalt

Beschäftigung und Spiel 8

Ernährung 48

Fellness und Unterwegs 70

Anhang

Vorwort

Liebe Leserin, lieber Leser, lieber Katzenfreund,

ich bin Valentina Kurscheid, Fernsehjournalistin, Fotografin und leidenschaftliche Katzenliebhaberin. Mit 24 wunderbaren Katzen bin ich aufgewachsen, die mein Leben absolut geprägt haben. Diese Selbständigkeit, dieser eigene Kopf, dieses Durchsetzungsvermögen: Charaktereigenschaften, die ich heute noch bewundere. Momentan lebt keine Katze bei mir, weil sich eine kleine Dackeldame namens Berta mit mir das Leben teilt. Und Berta hat großen Respekt vor den kleinen Tigern. Beide Tiere in einer Wohnung würden sich nicht vertragen und ich denke, dass Berta hier den Kürzeren ziehen würde. Um meine Katzensehnsucht zu stillen, besuche ich ganz oft meine Freundin Katja und ihre Katzendame Schnittchen. Schnittchen ist ein traumhaft sanftmütiges Tier, sie lässt sogar Berta in ihr Reich. 2002 wurde sie geboren, sie lebt in Düsseldorf und liebt ihre vier Wände. Das aber nur, weil ihr Frauchen Katja ständig Abwechslung bietet. Katzen – vor allem Wohnungskatzen – sind von ihren Besitzern abhängig, nicht nur, wenn es ums Füttern geht, sondern auch bei körperlicher und geistiger Aktivität. Und auch die Wohlfühlmomente sind entscheidend. Denn Katzen lieben es, sich kuschelig zurückzuziehen oder auch gemeinsam mit Frauchen oder Herrchen auf dem Sofa zu schnurren. Um uns das Miteinander so schön und angenehm wie möglich zu gestalten, fallen mir immer wieder neue Ideen ein und Schnittchen darf sie natürlich als Erste ausprobieren.

Mittlerweile habe ich ein großes Repertoire gesammelt: Zum einen zahlreiche Rezepte für knusprige Katzenleckerchen oder saftige Tigermahlzeiten, zum anderen nähe und bastele ich gerne bunte Accessoires zum Spielen oder Kuscheln. Hierbei achte ich vor allem darauf, dass alle Modelle artgerecht verarbeitet sind. Und dies wird direkt kontrolliert, denn Katja, Schnittchens Besitzerin, ist Tierärztin. Sie würde niemals ihre Katzendame mit gefährlichen oder schädlichen Dingen spielen lassen.

Schnittchen spricht ihre Katzenfans hier im Buch übrigens auch persönlich an: In kleinen Info-Boxen auf jeder Seite gibt sie aus Katzensicht wertvolle Tipps. Die Rezepte und Modelle werden also nicht nur von mir beschrieben, sondern auch unterhaltsam erläutert. Hier bestätigt es sich mal wieder: Katz und Mensch sind ein tolles Team!

Und nun wünsche ich Ihnen viel Spaß beim Basteln, Nähen, beim Ideenfinden und Nachkochen!

Tierisch viele Grüße,

Ihre Valentina Kurscheid mit
Katzendame Schnittchen

Wecke den Tiger

Beschäftigung und Spiel

Schon mal was von einer „Knisterfischdecke“ oder einem „Spielgitternetz“ gehört? Bei Beschäftigung für Wohnungskatzen denken viele nur an den klassischen Kratzbaum oder für Freigängerkatzen an den Spaziergang nach draußen. Aber Katzen sind sehr vielseitig, so wie ihre Besitzer auch. Katzen möchten, dass ihre Intelligenz gefordert wird, und sie wollen ihren Jagdtrieb ausleben. Also ran an die Bastelsachen und die Nähmaschine! Nur so wird die Wohnung zum Abenteuerspielplatz und Jagdrevier.

Zum Federn lassen

Bunte Spielmäuse

Katzen haben von Natur aus einen Jagdtrieb, doch gerade Wohnungskatzen können ihn nicht voll ausleben. Hier sollten ihre Besitzer ihnen etwas zum Jagen anbieten. Klar, denn Mäuse sind in Haushalten heutzutage ja eher eine Seltenheit. Wenn also keine lebende Maus zwischen Wohnzimmer und Küche herumflitzt, muss eine künstliche einspringen. Am besten aus stabilem Stoff, den die Katzen nicht so schnell zerfetzen können. Hier empfehle ich gerne Jeansstoff oder auch Leinenstoff und ein paar Federn als Schwänzlein reizen den Stubentiger zusätzlich. Die Stoffmäuse werden im Spiel mit den Krallen nach oben geschleudert, zwischen die Pfoten genommen und auch abgeleckt, wie eine echte Beute eben. Hier nun die Anleitungen zu zwei verschiedenen Spielmäusen.

Materialien

- Jeansstoffrest
- Schrägbandrest in Rot-Weiß gepunktet
- 2 bunte Federn
- Füllwatte

Vorlage
Seite 113

Spielmaus aus Jeans

1 Die Form dieser Maus ist einfach ein Dreieck, das ich aus einer alten, nicht mehr gebrauchten Jeanshose schneide. Nicht zu klein, denn je kleiner die genähte Maus später ist, desto größer ist die Gefahr, dass Katzen die komplette Spielmaus verschlucken können.

2 Nachdem ich das Dreieck aus dem doppelt gelegten Stoff ausgeschnitten habe, schneide ich mir noch zwei weitere Dreiecke aus. Diese aber sehr klein und jeweils nur einlagig, sie ergeben später die Ohren.

3 Nun lege ich die Stoffteile des Dreiecks rechts auf rechts und nähe sie mit dem Geradstich am Rand fest. Nicht vergessen: Die Ohren der Maus, also die zwei kleinen Dreiecke, mit einnähen!

Valentinas Infobox

Bei meinem Nähmaterial nehme ich immer gerne Stoffe, die ich schon zu Hause habe. So kommt mir eine ausgemusterte Jeanshose gerade recht. Aus der kann ich gleich eine Menge Spielmäuse zaubern – aber eine reicht erst einmal. Die Federn habe ich im Bastelgeschäft gekauft. Möglich ist auch, den alten Indianerschmuck vom Karnevalskostüm zu nehmen. Dann fehlt nur noch ein Stück Schrägband, das ich immer im Nähkästchen habe, und das Garn für die Augen. So eine Maus ist wirklich ruck zuck selbst hergestellt.

4 An der kurzen Seite des Dreiecks lasse ich eine Wendelücke, verriegele diese mit zwei Stichen vor- und zwei Stichen zurück. Ich nehme am liebsten die kurze Seite für die Wendelücke, weil ich dort zum einen den Stoff einfach drehen kann, zum anderen kommen an der Stelle später die Schwanzfedern hinein. Bevor ich das Dreieck nun wende, schneide ich überstehenden Stoff ab und achte darauf, dass ich dabei die Naht nicht verletze.

5 Nach dem Wenden fülle ich das Mäuslein mit Watte, stecke die zwei Federn in die Wendelücke und nähe die Öffnung per Hand und Nähgarn mit der Zaubernaht fest. Hierbei verschwindet der Faden nach innen und ist von außen nicht mehr zu sehen. Als Zierde nähe ich ebenfalls mit der Hand das gepunktete Schrägband zwischen Stoff und Federn fest.

6 Zuletzt fehlen nur noch die Augen der Spielmaus. Passend zum Schrägband und zu einer Feder, nehme ich hierfür rotes Garn und nähe dies auf der Stelle fest. Das mache ich zwei Mal. Und schon ist ein hübsches Spielmäuschen fertig. Mieze wird sich freuen!

Schnittchens Tipp

Mit so einer Maus gehe ich wirklich nicht zimperlich um. Schließlich ist sie ein Eindringling in meiner guten Stube. Wenn ich sie zwischen meine Krallen bekomme, muss sie wirklich gut gemacht sein, um länger „überleben“ zu können. Wichtig ist, dass vor allem ich keinen Schaden davontrage. Daher keine Plastikaugen wie Perlen annähen, denn die können schnell verschluckt werden. Aufgenähte Augen aus Nähgarn sind besser. Meist spiele ich zehn Minuten intensiv mit dem Mäuschen, dann lasse ich es liegen und mache mich am nächsten Tag wieder darüber her.

Materialien

- Stabiler Baumwoll- oder Leinenstoffrest
- Satinbandrest in Blau-Weiß gepunktet
- 3 bunte Federn
- Füllwatte

Vorlage
Seite 113

Spielmaus mit Schmetterlingsmuster

1 Das Nähprinzip dieser Maus ähnelt dem Prinzip der Jeansmaus sehr. Doch hier nehme ich nicht die Form eines Dreiecks, sondern schneide einfach ein Oval (siehe Vorlage Seite 113) aus dem Schmetterlingsstoff, den ich doppelt nehme.

2 Dann nähe ich die zwei ovalen Stoffteile rechts auf rechts zusammen, lasse wieder eine Wendelücke, stopfe die Maus voll Watte, stülpe den Stoff etwas nach innen, stecke in die Wendelücke drei Federn hinein und schließe die Öffnung mit der Zaubernaht.

3 Zum Schluss nähe ich noch die Borte aus Satinband an. Diesmal wage ich das Satinband mit der Nähmaschine anzunähen, und siehe da: Es hat geklappt. Ruck zuck fertig ist eine neue Spezies: die gehörlose, blinde Schmetterlings-Federmaus, die auch ihren Reiz hat.

Valentinas Infobox

Der Katze ist es eigentlich ziemlich schnuppe, ob die Maus dreieckig, rund oder oval ist. Hauptsache sie gefällt dem Stubentiger, sodass er damit spielen möchte. Ich habe diesmal keine Augen aufgenäht und auch keine Ohren angenäht. Dafür habe ich einen etwas auffälligeren Stoff genommen. So erfüllt die Spielmaus einfach und schlicht ihren Zweck: Die Katze hat Spaß an ihr und die Spielmaus ist artgerecht verarbeitet.

Zum Vögelfischen

Dynamische Spielangel

Wenn Katzen nicht gerade schnurren, schlafen oder fressen, möchten sie zum Beispiel gerne jagen. Gesunde Stubentiger haben einen großen Bewegungsdrang. Sie freuen sich daher sehr, wenn ihre Besitzer ab und an mit ihnen spielen. Es gibt wunderbare Möglichkeiten, Katzen innerhalb von kurzer Zeit zu ermüden. Und zwar mit einer Spielangel. Hierbei handelt es sich um einen langen Stock, an dem eine Schnur mit einer Beute-Attrappe befestigt wird. Katzen können damit hervorragend ihren Jagdtrieb ausleben, denn sie möchten unbedingt die Beute fangen, die am Ende der Kordel befestigt ist. Im Fachhandel gibt es viele verschiedene Spielangeln für Katzen zu kaufen. Aber cat it yourself! Es ist wirklich ganz einfach.

Materialien

- Stock aus dem Wald, ca. 50 cm lang*
- Kordel, ca. 46 cm lang
- Jeansstoffrest
- 2 echte Federn
- Füllwatte

*Ein langer Weidenzweig ist auch möglich.

Vorlage
Seite 113

Schnittchens Tipp

Am liebsten mag ich es, wenn der Stock erst einmal ganz still auf dem Boden liegt. Dann schleiche ich mich langsam ran, ich kann es kaum erwarten. Plötzlich wird die Beute weggezogen, dann geht's los mit dem Spiel. Ich flitze los und versuche springend die Beute zu ergattern. Auch meine Pfoten sind im Dauereinsatz. Der Beutevogel ändert ständig die Richtung. Ab und an erwische ich ihn mit meinen Krallen, am liebsten würde ich ihn direkt auffressen, aber so schnell kann ich gar nicht reagieren, denn schon wird die Beute wieder nach oben geschleudert. Und dann geht's von vorne los. Nach spätestens fünf bis zehn Minuten bin ich müde und mag nicht mehr. Jetzt muss ich mich erst einmal putzen und Wasser trinken.

Valentinas Infobox

Vorsicht bei Kitten (Katzenwelpen): Für sie ist diese Beschäftigung noch nicht geeignet, da ihre Muskeln und Bänder noch nicht voll belastbar sind! Auch Katzen mit Rückenproblemen oder Problemen des Bewegungsapparates sollten nicht mit der Spielangel bewegt werden.

Schnittchens Tipp

Ich jage natürlich nicht nur Vögel, sondern auch Stoffmäuse oder -fische. Reizvoll allerdings sind vor allem die Federn. Die erhöhen unseren Jagdtrieb. Ich hatte auch schon mal eine Beute an der Angel, die mit Knistermaterial, wie z. B. Luftpolsterfolie oder Butterbrotpapier gefüllt war, damit die Beute zusätzlich noch raschelt.

1 Auf Seite 113 ist die Vorlage zu diesem Vögelchen zu finden. Ich lege die Vorlage des Vogels auf die linke Seite des Jeansstoffes und schneide ihn aus. Das mache ich zwei Mal. Ich hatte noch von einer alten Jeanshose Stoff übrig, den ich hierfürbestens verwenden kann.

2 Nun schneide ich von der Kordel ein längeres Stück ab: ca. 40 cm, daran wird später der Vogel am Stock befestigt. Zusätzlich schneide ich noch zwei kleine Kordelstücke ab, jeweils ca. 3 cm. Diese ergeben die Vogelbeine.

3 Bevor ich mit dem Nähen beginne, schneide ich mir aus dem Jeansstoff noch zwei Mini-Dreiecke aus. Damit wird der Vogelschnabel angedeutet.

4 Nun lege ich die beiden Stoffstücke des Körpers rechts auf rechts und nähe sie am Rand zusammen. Wichtig: Das lange Kordelstück oben am Hals mit einnähen und die anderen Kordelstücke unten im Bauchbereich. Die zwei Dreiecke vorne am Kopf anlegen und ebenfalls in die Naht einfügen.

5 Die Wendeöffnung lasse ich im hinteren Rückenbereich, hier kann ich das Beutetier gleich umdrehen und befüllen. Aber nicht nur das, denn hier werden nach dem Füllen die Schwanzfedern eingesteckt. Dann wird die Wendelücke mithilfe der Zaubernaht geschlossen. Ich nähe mit einer Nähnadel per Hand, ziehe den Faden an und ruck zuck verschwindet der gerade noch sichtbare Nähfaden im Inneren der Beute.

6 Der Vogel ist fast fertig, jetzt nähe ich noch die Augen auf. Damit es plastischer wirkt, benütze ich zwei verschiedene Farbtöne, nämlich Grün und Blau. Zuletzt muss ich nur noch das lange Kordelstück am Ende des Stockes befestigen.

7 Und schon kann das Powerspiel losgehen: Ab ins Wohnzimmer oder da, wo gerade Platz ist. Wer der Katze die Beute zu oft überlässt, muss auf jeden Fall gleich ein paar Ersatzvögel nähen. Aber aus einer Jeanshose lassen sich eine Menge Vögel gestalten.

So eine Fummelei

Anspruchsvolles Futterlabyrinth

Zu den Klassikern unter den Intelligenzspielzeugen für Katzen gehören Futterversteckspiele. Dabei muss sich das Tier Futterstückchen mit seinem Spieltrieb und seiner Intelligenz erarbeiten. Erst ständiges Ausprobieren, Scheitern und das erneute Versuchen führen zum Erfolg. Das Beste zum Schluss: Mieze erhält mit ihrem Fummeln direkt die Belohnung für ihre Bemühungen. Ich habe schon einige solcher Spielstationen für Katzen gebastelt, immer wieder variiere ich die Versteckmöglichkeiten. Auch Schnittchen findet jedes Mal Gefallen an meinen Futterlabyrinthen. Solche Abenteuerspielflächen für Katzen mitten in der Wohnung sind schnell selbst gemacht. Lassen Sie Ihrem Basteltrieb mal freien Lauf und gestalten Sie Ihrem Liebling ein abwechslungsreiches Futterversteckspiel.

Schnittchens Tipp

Nach ca. 20 Minuten Spielen am Futterlabyrinth habe ich echt viel geschafft und vor allem auch gefressen. Dann bitte nicht vergessen, dass wir Katzen etwas trinken wollen. Also bitte stets ein Schälchen frisches Leitungswasser bereitstellen. Und danach wird sich geputzt und geschlummert.

Materialien

- Dünnes Brett, ca. 30 cm x 40 cm
- 4 Toilettenpapierrollen
- 1 Frühstückspapiertüte
- 1 Plastikbecher
- 2 Eierpappschachteln
- Klebstoff, lösungsmittelfrei und geruchlos
- Katzenleckerchen

1 Als Basis nehme ich immer gerne Bretter, die ich im Baumarkt in der Holzabteilung als Holzschnitt für ein paar Cent kaufen kann. So ein Brett ist recht stabil, aber wer will, kann natürlich auch ein dickes Stück Pappe nehmen.

2 Zwei Toilettenpapierrollen schneide ich mit der Schere in der Mitte auseinander. Es ist immer schön, wenn die Katze verschieden lange Tunnelsysteme zum „Befummeln" hat.

3 Von den Eierschachteln entferne ich die Deckel und von der Frühstückstüte schneide ich ein Stück Rand ab.

4 Nun nehme ich den Klebstoff und befestige alle Module auf dem Brett. Um die Toilettenpapierrollen gut befestigen zu können, drücke ich den Rand etwas nach innen, um dort den Kleber besser aufstreichen zu können. Die Frühstückstüte hat übrigens den Vorteil, dass sie schön raschelt, und das reizt die Katzen noch mehr.

5 Wenn ich alles angeklebt habe, lasse ich das Futterlabyrinth über Nacht oder mindestens vier bis fünf Stunden stehen. Nur so kann ich davon ausgehen, dass der Kleber nicht mehr riecht. Katzen mögen diesen Geruch nämlich nicht und könnten abgeneigt sein.

6 Dann aber geht's endlich los. Ich bestücke die Spielstation mit Trockenfutter und mache Schnittchen darauf aufmerksam. Neugierig schleicht sie sich an und fängt an, mit ihren Pfoten die Futterbrocken herauszufummeln. Was für ein tierischer Spaß!

Valentinas Infobox

Wer nicht basteln, schneiden und kleben möchte, kann seiner Katze auch ganz schnell ein Futterlabyrinth ohne viel Aufwand präsentieren. Ich nehme dazu einfach eine leere Pralinenschachtel oder auch einen geöffneten, leeren Adventskalender. Die Katze meiner Freundin Iris, die wunderschöne Maja, spielt zum Beispiel auch sehr gerne damit. Am liebsten mag es die Katzendame, wenn die kleinen leckeren Fleischfische (siehe Seite 51) im Kalender versteckt werden. Und wer Kinder hat, besitzt gewiss auch die vielen bekannten bunten Spielbausteine. Schnell zusammengesteckt und ein paar Futterstückchen dazwischen versteckt: Fertig ist ein farbenfrohes Futterlabyrinth.
Das macht Laune!

Rock'n roll

Verlockendes Futterdöschen

Katzen schlafen unheimlich viel und unheimlich gerne. Wenn sie dann mal wach sind, genießen sie ihr Futter und das Herumstrolchen. Freigänger springen raus und streunen durch die Natur. Wohnungskatzen jedoch müssen sich drinnen beschäftigen. Wie wäre also die Kombination von Fressen und Bewegung? Das ist ein guter Tipp gegen Langeweile. Weiterer Vorteil: Wenn sich die Katze ihr Futter erarbeiten muss, ist dies körperliche und geistige Anstrengung für den Vierbeiner! Probieren Sie es doch mal aus.

Materialien

- Kleiner Plastikbecher mit Schraubverschluss*
- Spitze Schere
- Katzenleckerchen

*Alternativ können Sie auch ein Zahnstocherdöschen nehmen.

1 Mit der spitzen Schere schneide ich drei bis vier Löcher in die Dose.

2 Da die Ränder der Löcher eventuell scharf sind, glätte ich diese wie folgt: Ich nehme einen Schraubenzieher und halte diesen über ein Feuerzeug oder eine brennende Kerze, bis er richtig heiß ist. Dann rolle ich das heiße Eisen an den Lochrändern entlang, sodass sie leicht abschmelzen. Die Katze versucht nämlich nicht nur mit ihren Pfoten, sondern auch mit ihrer Zunge durch die Löcher an das Futter heranzukommen und damit wäre die Verletzungsgefahr zu groß!

3 Nach dem Abkühlen der Lochränder schraube ich den Deckel ab, fülle die Katzenkekse bis zu einem Drittel in die Dose. Nun schließe ich den Deckel und halte zunächst der Katze die Dose unter die Nase, damit sie daran riechen kann, um ihr anschließend das Futterdöschen vor ihre Pfoten zu werfen.

4 Erst einmal schaut Schnittchen und schnuppert an der Dose. Dann fängt sie an, das Döschen mit der Pfote nach vorne, nach rechts und links zu schubsen. Dadurch leert sich die Dose, denn mit der Vorwärtsbewegung kullern die Kekse durch die Löcher auf den Boden. Direkt in Schnittchens Maul, mmmh lecker – guten Happentit!

Lila Laune

Knisterfischspieldecke

Die eigenen vier Wände müssen abwechslungsreich gestaltet sein, das ist für Wohnungstiger das Allerwichtigste. Auf die Idee, eine Spieldecke für Katzen zu nähen, kam ich als mein Sohn noch ein Säugling war. Denn mein Kleiner bekam eine Baby-Spieldecke geschenkt, und er war total begeistert: Da knisterte es an manchen Stellen, an den Ecken waren Fransen angebracht und die Decke war sehr weich. Er jauchzte immer vor Glück, wenn er auf der Decke lag und seinen Tastsinn ausprobieren durfte. Diese unterschiedlichen Untergründe könnten auch Schnittchen gefallen, dachte ich. Sie liebt es, wenn es irgendwo raschelt und knistert und wenn sie mit ihren Krallen Fransen bewegen kann. Und so setzte ich mich an die Nähmaschine und begann, eine Spieldecke für Katzen zu nähen. Und hier ist sie: Die Knisterfischspieldecke für Wohnungskatzen.

Materialien

- Fleecestoff in Uni, ca. 50 cm x 80 cm
- Fleecestoff in Bunt, 13 cm x 8 cm
- Grober Leinenstoff, 13 cm x 8 cm
- Fellimitatrest
- Luftpolsterfolie (Verpackungsmaterial)
- Aluminiumfolie

Vorlage
Seite 114

1 Die Knisterfischspieldecke hat eine Länge von 45 cm und eine Breite von 35 cm. In doppelter Größe schneide ich den einfarbigen Fleecestoff aus und gebe noch 2 cm Nahtzugabe dazu. Die Decke ist doppellagig, hat folglich eine Ober- und Unterseite.

2 Auf der Oberseite werden zwei Fische platziert. Die Fischformen von Seite 114 schneide ich nun aus den anderen Stoffen aus: Der eine Fisch besteht aus dem groben Leinenstoff, der andere aus dem farbigen Fleecestoff.

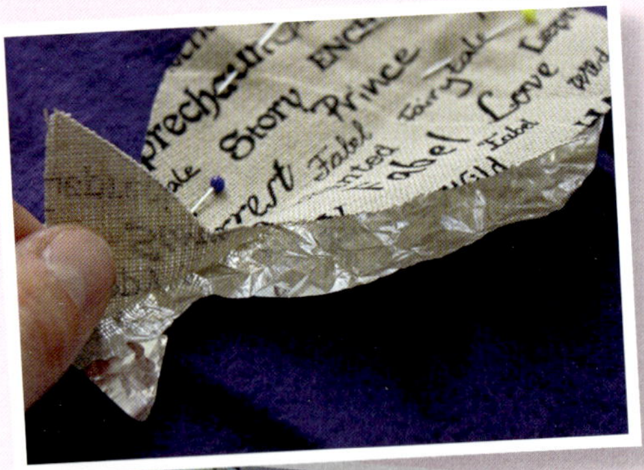

3 Bevor ich die zwei Stoffteile der Decke zusammennähe, muss ich natürlich erst die Fische auf die Oberseite nähen. Ich fange mit dem „Leinen-Fisch“ an. Dieser wird mit einem Stück Aluminiumfolie gefüllt. Dafür schneide ich einfach aus der Alufolie die gleiche Fischform aus, mache sie aber etwas kleiner. Nun lege ich sie auf den lilafarbenen Fleecestoff und darüber den Leinenstoff. Beides fixiere ich mit Stecknadeln und nähe den Fisch mit dem Zickzackstich auf den Fleecestoff auf.

4 So ähnlich handhabe ich es auch mit dem zweiten Fisch. Dieser ist allerdings mit Luftpolsterfolie gefüllt. Die Folie und den bunten Fleecstoff nähe ich ebenfalls mit dem Zickzackstich auf die Decke.

5 Jetzt schlage ich die Decke um, sodass sie rechts auf rechts doppellagig liegt. Bevor ich die zwei Stoffteile zusammennähe, schneide ich mir aus dem Fellimitatstoff und aus dem bunten Fleecestoff noch Fransen aus. Ich platziere in jeder Ecke der Decke jeweils vier Fransenschnipsel.

Valentinas Infobox

Nicht nur Babys und Kleinkinder sollen ihren Tastsinn trainieren, sondern auch Katzen. Gerade für Wohnungstiger ist das sehr wichtig! Sie können ja nicht übers Gras laufen oder an Bäumen hochspringen. Sie brauchen dafür Ersatz und so achte ich darauf, bei dieser Decke unterschiedliches Material zu nehmen. An dem groben Leinenstoff könnte die Katze sogar ihre Krallen schärfen. Das andere Material ist weich, dies lädt dann nach dem Spielen auch mal zum Kuscheln ein. Die ganze Decke ist übrigens problemlos waschbar.

6 Ich fixiere die beiden einfarbigen Fleecestoffteile mit Stecknadeln und vernähe sie. An der oberen Längsseite lasse ich mittig eine ca. 10 cm lange Wendeöffnung. Diese verriegele ich ordentlich an beiden Seiten mit zwei Stichen vor und zurück. Nun wende ich die Decke, schließe aber nicht die Wendeöffnung.

7 Ich lasse die Wendeöffnung bewusst offen! Ich benütze diese Lücke als Eingriff für meine Hand. Denn Schnittchen möchte schließlich zum Spielen animiert werden. So liegt die fertige Decke nun auf dem Boden, ich setze mich davor, schiebe meine Hand in die Öffnung und krabbele mit den Fingern in der Decke. Ich könnte auch zusätzlich noch ein Stück Butterbrotpapier in die Handfläche legen, damit es raschelt. Schnittchen ist sofort alarmiert und bewegt sich in meine Richtung. Ruck zuck ist sie Feuer und Flamme und spielt mit allem, was auf der Decke zu finden ist. Meine Hand kann ich zwischenzeitlich rausziehen, für die nächsten fünf Minuten ist Schnittchen mit ihrer Knisterfischspieldecke ganz alleine beschäftigt.

Fisch Ahoi!

Raffiniertes Spielgitternetz

Valentinas Infobox

Hier noch ein kleiner Erweiterungstipp: Wer möchte, kann seitlich in die Löcher noch ein paar Federn stecken. Auch daran spielen Katzen gerne. Zum einen versuchen sie, mit ihren Pfötchen die Leckerchen aus dem Netz zu fischen, zum anderen möchten sie mit ihren Krallen die Federn erhaschen.

Katzen mögen gerne Fisch. Und Fische werden in Netzen gefangen. So kam ich eines Tages auf die Idee, Schnittchen mal ein interessantes Gitternetz zu basteln, aus dem sie ihre Lieblingsleckerchen herausfischen muss. Das Prinzip ist simpel, der Stubentiger muss jedoch viel Geschick beweisen. Denn es ist nicht einfach, die kleinen Futterbrocken zu „erpföteln“. Meist schiebt die Katze das Futter erst ein Stück nach vorne, dann hebt sie die Pfote wieder an, um ins nächste Netzquadrat zu kommen und dann geht das Spiel von vorne los. Zu Beginn lege ich nur ein Stückchen Futter ins Pseudo-Becken, später eine halbe Handvoll. Wichtig ist, dass diese Menge Futter von der Tagesfutterration abgezogen wird. Ansonsten bekommt die Katze doppelt Nahrung. Das könnte dazu führen, dass Mieze & Co. zu füllig werden.

Materialien

- Flacher Pappkarton, 30 cm x 40 cm*
- Paketschnur
- Locher
- Futterstückchen

*Sie können auch einen Karton mit kleineren Maßen verwenden.

Schnittchens Tipp

Manch einer könnte jetzt denken: „Mensch, bei dem Spiel fehlt aber die Farbe, das ist ja total mausgrau.“ Jaaaa, aber genau darauf fahren wir Katzen ab! Yeaah, MAUSgrau! Hauptsache Leckerchen und Spaß!

1 Am oberen Rand des Kartons stanze ich ringsherum mit dem Locher in gleichmäßigem Abstand Löcher. Falls der Karton für den Locher zu dick sein sollte, kann auch ein Schraubenzieher genommen werden.

2 Nun nehme ich das Paketband und ziehe es zuerst an den Längsseiten durch die Löcher, sodass es an den gegenüberliegenden Seiten wieder herauskommt.

3 Danach kommt die Breitseite an die Reihe. Hierbei achte ich darauf, dass die Schnur immer einmal über und einmal unter die bisher vorhandene Schnur geführt wird. Nur so entsteht später ein schönes Gitter, das wie ein Netz wirkt.

4 Die Enden der Schnur verknote ich im Außenbereich des Kartons. So bleibt das Netz stramm und der Knoten stört nicht im Innenbereich des Papp-Beckens. Sofort kann das große Angeln losgehen! Ein paar Fisch-Snacks ab auf den Grund und die Katze beginnt zu fangen. Fisch Ahoi!

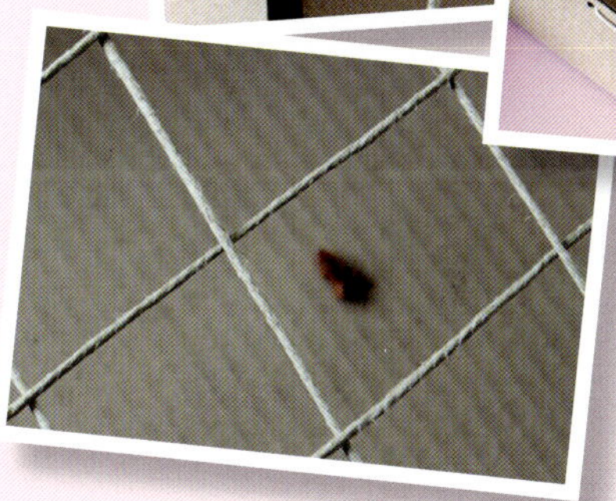

Fingerspiel

Lustiger Spielhandschuh

Als ich ein kleines Kind war, kam unsere erste Katze ins Haus. Im Laufe der Jahre wurden es immer mehr. Am Schluss hatten wir insgesamt 24 Stubentiger, das war eine tolle Zeit. Meine Eltern waren keine Katzenzüchter, sie waren einfach nur wahnsinnig tierlieb. Unsere Katzen lebten nicht nur im Haus, sie durften jederzeit raus in die freie Natur. Irgendwann im Winter kam ich auf die Idee, einen meiner Handschuhe zu nehmen, um mit Mikosch, Anna, Stiefelchen & Co. ein kleines Jagdspiel zu beginnen. Da war was los! Plötzlich standen acht unserer 24 Katzen um mich herum und wollten alle meine Hände angreifen. Ich hatte nämlich nicht nur meinen Handschuh an! Ich hatte mit Wäscheklammern an die Fingerspitzen ein paar Wollfäden und ein Glöckchen befestigt. In den Ringfinger des Handschuhs stopfte ich zusätzlich noch ein Stückchen Butterbrotpapier. Das knisterte herrlich. – Ja, das ist jetzt 35 Jahre her. In Vergangenheit schwelgend gebe ich hier gerne einen Tipp, wie ein Spielhandschuh für Katzen ganz einfach selbst hergestellt werden kann.

Materialien

- Arbeitshandschuhe aus dem Baumarkt oder Gartencenter
- Fleecestoffrest
- Jeansstoffrest
- Stück Kordel oder Leinenschnur
- 3 Federn

Valentinas Infobox

Damals als Kind hatte ich einen einfachen Wollhandschuh genommen. Meine Hände waren nach dem Spiel total zerkratzt, weil der Wollstoff natürlich keine Krallen abhalten kann. Heute benütze ich nur Arbeitshandschuhe, also richtige Bauarbeiterhandschuhe, die am Handrücken verstärkt sind. Es gehen auch Gartenhandschuhe, wie z. B. Rosenhandschuhe.

1 An jedem Finger des Handschuhs nähe ich eine Verlängerung, sodass die Katze auf unterschiedliche Arten gereizt wird.

2 Ich fange mit dem Zeigefinger an und nehme dafür ein Stück Jeansstoff, denn er ist schön stabil. Ich schlage den Stoff zweimal ein und nähe ihn mit der Nähmaschine zusammen. Dann forme ich mit diesem länglichen Stoffstück eine Schlaufe und nähe sie per Hand und Nadel an die Zeigefingerspitze an.

3 Als nächstes ist der Mittelfinger an der Reihe. Hier nähe ich – ebenfalls per Hand und Nähnadel – vier unterschiedlich lange Fransen aus Fleecestoff an.

Schnittchens Tipp

Viele meinen, dass wir Katzen sehr gerne mit langen Schnüren, wie z. B. mit Wollfäden spielen. Das stimmt auch, aber hier muss ich dringend eine Warnung aussprechen, denn es ist ganz schön gefährlich! Unsere Krallen verwickeln sich ruck zuck in den Fäden, und im schlimmsten Fall können wir uns auch im Eifer des Spiels mit der Wolle strangulieren. Das kann schneller gehen als man denkt! Vor allem, wenn manch ein Katzenhalter seinen Liebling mit der Wolle alleine lässt. Wir Katzen schaffen es meist nicht, uns alleine von bzw. aus den vielen Fäden zu befreien. Also bitte immer nur unter Aufsicht Fäden zum Spielen anbieten! Besser sind tatsächlich Baumwoll- oder Leinenschnüre, die etwas breiter sind – und nicht so lang.

4 An den Ringfinger wird ein längeres Leinenschnur-Stück genäht, ans Ende der Schnur dann eine kleine Feder.

5 Mit Federn geht es weiter: Zwei nähe ich direkt an die Spitze des kleinen Fingers. Und schon ist der Spielhandschuh fertig. Den Daumen lasse ich frei.

6 Die Schlaufe des Zeigefingers kann man so belassen oder, um den Reiz zu steigern, zusätzlich ein Stück knisterndes Backpapier oder eine kleine raschelnde Tüte daran festbinden. Durch das Geräusch wird die Katze stärker animiert.

7 Alle Fingerkuppen bieten nun einen ganz unterschiedlichen Reiz und mit der ganzen Hand kann ich sogar einen Angriff simulieren. Ein Spielhandschuh ist wirklich ein super Spielzeug für Katz und Mensch.

Pimp it

Kratzbaum mit Extras

Wohnungskatzen haben keine Möglichkeit, draußen an der Baumrinde ihre Krallen zu schärfen, sie können nicht auf Mauern springen und sich auch nicht in Höhlen verkriechen. Somit hat sich der Mensch für die unterforderten Stubentiger einen künstlichen Ersatz ausgedacht, den sogenannten Kratzbaum. Diesen gibt es mittlerweile in vielen Varianten und mit zahlreichen Kratzmöglichkeiten, die meist mithilfe von Sisalschnüren angebracht sind. Aus diesem Grund heißt der Baum natürlich auch Kratzbaum. Mancher Baum könnte allerdings im Laufe der Zeit eine Auffrischung vertragen, um wieder attraktiver für die Katzen zu werden. Ich habe mir zwei schöne Anhängsel ausgedacht, die an jeden Kratzbaum problemlos anzubringen sind. Hier geht's zu den Anleitungen.

Spielkette

Materialien

- 4 verschiedene Stoffreste*
- Kordel, ca. 90 cm lang
- 3 Holzperlen in verschiedenen Größen und Farben
- Füllwatte
- Zellophanfolie
- 2 Federn

*Jeans, Fleece oder bunter Baumwollstoff eignen sich gut.

Vorlage
Seite 117

1 Aus allen vier Stoffen schneide ich mir Herzformen nach der Vorlage von Seite 117 aus. Die Herzen können entweder alle gleich groß sein oder unterschiedliche Größen haben. Den Stoff nehme ich jeweils doppelt, sodass ich immer deckungsgleiche Herzpaare erhalte.

Schnittchens Tipp

Es gibt Artgenossen von mir, die noch nie draußen in der Natur waren. Sie leben von klein auf in einer Wohnung und durften bisher weder taufeuchtes Gras spüren, noch konnten sie die frischen Zweige der Frühlingsbäume beschnuppern oder den Duft von frischer Erde einatmen. All diese Katzen freuen sich darüber, wenn ihre Frauchen und Herrchen einfach mal kleine Äste oder ein Büschel Gras aus dem Garten mitbringen. Das Beschnüffeln der Mitbringsel ist eine schöne Abwechslung und geistige Anregung für die Stubenhocker! Ich wünsche viel Spaß beim Beobachten.

2 Die Stoffteile lege ich rechts auf rechts und nähe jedes Herz jeweils zusammen. Dabei achte ich darauf, dass ich sowohl oben mittig als auch unten mittig eine Lücke lasse. Die obere Öffnung lasse ich etwas größer, da diese die Wendeöffnung ist, durch die ich das Herz drehe.

3 Die beiden Öffnungen haben folgenden Grund: Durch diese Öffnungen fädele ich die Kordel, sodass alle vier verschiedenen Herzen später schön gleichmäßig untereinander hängen. Wenn die Kordel durchgeführt ist, nähe ich mit der Hand zuerst den unteren Herzbereich zu – dafür benütze ich mal wieder meine Lieblingszaubernaht, sodass die Nahtstiche später nicht mehr zu sehen sind.

4 Ich fülle das Herz mit Füllwatte und nähe als nächstes die Wendeöffnung zu. Mit dem obersten Herz (hier das pinkfarbene aus Fleecestoff) fange ich an, dann folgt das Blümchen-Herz usw. Dazwischen fädele ich jeweils eine Holzperle ein. In eins der Herzen fülle ich übrigens keine Watte, sondern ein Stück Zellophanfolie. Das knistert schön und überrascht die Katze zusätzlich.

5 Ganz zum Schluss, wenn alle vier Herzen an der Kordel hängen, werden unten die zwei Federn mit der Hand angenäht. Die Herz-Ampel kann einfach an den Kratzbaum gehängt werden, und ab geht die Post. Auch Schnittchen freut sich über den „Neuzugang" und lässt ihrem Spieltrieb freien Lauf.

Valentinas Infobox

Die Herzampel lässt sich natürlich auch sehr gut unabhängig von einem Kratzbaum als Spielkette verwenden, um kleine Jäger müde zu spielen.

Papp-Pyramide

Valentinas Infobox

Ganz wichtig bei der Papp-Pyramide: Einen lösungsmittelfreien, unbedenklichen Holzleim nehmen! Katzen haben sehr empfindliche Nasen. Wenn das Spielzeug zu streng riecht, zeigen Katzen kein Interesse. Vielmehr sogar das Gegenteil: Selbst wenn ein leckeres Lachshäppchen in den Toilettenrollen versteckt liegt, die Katze sucht das Weite. Also bitte immer geruchlosen Klebstoff benützen und am besten die Bastelarbeit über Nacht trocknen lassen.

Materialien

- Fester Karton, A4
- 10 Toilettenpapierrollen
- Kordel aus Leinen, ca. 150 cm lang
- Holzleim, lösungsmittelfrei

1 Ich lege das Stück Karton auf den Tisch, nehme zunächst vier Toilettenpapierrollen, lege sie nebeneinander und klebe sie an den Kontaktstellen zusammen.

2 Dann lege ich die nächsten drei Rollen darauf, auch diese werden festgeklebt. Die nächste Reihe besteht nur noch aus zwei und die Spitze aus einer Rolle, die ebenfalls festgeklebt werden. Fertig ist die Papp-Pyramide, die nun noch eine Befestigung für den Kratzbaum braucht.

3 Dafür schneide ich in die Ecken des Kartonstücks jeweils ein Loch und ziehe dort die Kordel durch. Nun kann ich die Papp-Pyramide problemlos am Stamm des Kratzbaums festbinden. In ein paar Toilettenrollen verstecke ich Leckerchen, die die Katze mit Geschick ergattern möchte.

Schnittchens Tipp

Im Vergleich zur Herz-Ampel ist diese Papp-Pyramide ziemlich farblos. Aber mir ist das egal. Das Wichtigste für uns sind doch die Futterstückchen, die darin versteckt sind. Unsere Pfoten sind dabei im Dauereinsatz, die Konzentration steigt und die Jagd ist voll im Gange. Das Beste: Dieses Futterspiel-Suchspiel ist schnell selbst hergestellt, denn jeder hat Toilettenpapierrollen und Kartons zu Hause, also ran ans Basteln!

Klingeling

Spielball mit Glöckchen

Alles, was rollt und sich schnell bewegt, finden Katzen einfach super. Als Kind habe ich unseren Katzen immer Papierbälle gemacht, indem ich einfach A4-Blätter zusammengeknüllt und unseren Lieblingen vor die Pfoten geworfen habe. Die Bälle waren natürlich schnell zerrupft, denn so eine Katze geht nicht gerade liebevoll mit ihrer Beute um. Als meine Mutter eines Tages für meinen Bruder und mich einen Stoffball mit nach Hause brachte, fanden unsere Katzen an diesem schönen bunten Ball auch sofort Gefallen. Und so wurde dieses Spielzeug recht schnell zum echten Katzenliebling. Der Stoff war ganz fest verarbeitet und es hingen auch ein paar Fransen daran. Sie jagten diesen Ball wie eine Maus: Er rollte in jede Ecke und mit Schmackes wurde er mit einem Pfotenhieb wieder nach oben und in die nächste Ecke manövriert. Im Handel gibt es für Katzen ganz viele verschiedene Bälle zu kaufen, ob aus Gummi, Plastik, Leder oder Stoff. Jedoch mein Motto ist ja: Nicht immer kaufen, sondern einfach selbst machen! Wer ein paar Stoffreste zu Hause hat, kann sich einfach an die Nähmaschine setzen und recht schnell einen Stoffspielball für die Katze nähen. Es ist wirklich nicht schwer!

Materialien

- Stoffreste in drei unterschiedlichen Mustern*
- Dekobänderreste in zwei Farben
- Füllwatte
- Glöckchen

*Am besten eignet sich Baumwolle oder Leinen.

Vorlage
Seite 114

Valentinas Infobox

Wer möchte, kann auch nur zwei Stoffe nehmen, oder bei einem einfarbigen Ball werden alle sechs Schnittteile nur aus einem unifarbenen Stoff ausgeschnitten. Wichtig ist, dass der Ball sehr stramm gestopft wird: Also bitte viel Watte einfüllen, sonst ist er zu weich, und die Katzenkrallen bleiben direkt darin hängen. Außerdem würde der Ball sonst nicht so gut rollen.

1 Ich verwende für den kleinen Ball (Höhe: ca. 5 cm) drei verschiedene Stoffe, aus denen ich sechs gleichgroße Schnittteile schneide. Das Schnittmuster für ein Schnittteil ist auf Seite 114 zu finden. Ich schneide je Stoff zwei Schnittteile aus und lege sie abwechselnd nebeneinander.

2 Die ersten beiden Schnittteile lege ich nun rechts auf rechts und nähe sie mit dem Geradstich entlang der Seitennaht schmalkantig zusammen. Nun klappe ich die zwei Teile auf und nähe das nächste Stoffteil wieder rechts auf rechts an der Seitennaht fest. Damit die Teile nicht verrutschen, fixiere ich sie beim Nähen mittig immer mit einer Stecknadel. Nacheinander steppe ich alle sechs Schnittteile aneinander.

Schnittchens Tipp

Wenn nach meinem Tipp auf Seite 99 das Glöckchen vom Halsband entfernt wurde, findet es hier wieder neue Einsatzmöglichkeiten: nämlich für den Stoffspielball! Also ran an die Nähmaschine und solch einen Ball produzieren. Der ist echt spitze und wenn er bimmelt, finden wir es super.

3 Und nicht vergessen: An zwei unterschiedlichen Kanten werden die beiden Dekobänder als Schlaufen mit eingenäht. Durch die Naht sind sie fixiert und ihre Enden verschwinden im Inneren des Balles.

4 Beim letzten Schnittteil lasse ich eine kleine Wendeöffnung. Jetzt fehlen nur noch die Füllwatte und das Glöckchen. Ich stopfe den Ball mit Watte aus, sodass er ganz prall ist, bevor ich das Glöckchen mittig hineinschiebe.

5 Zum Schluss muss ich nur noch die Wendeöffnung schließen, das mache ich wieder per Hand mit der Zaubernaht. So verschwindet die Naht im Ball und ist von außen nicht mehr sichtbar.

Immer griffbereit

Extravagante Spielzeugtasche

Schnittchens Tipp

Manchmal lässt Frauchen den Beutel auch auf dem Boden liegen. Dann räume ich erst einmal alle Spielsachen raus und verstecke mich darin. Der Beutel ist aus Baumwolle und hat eine große Öffnung, so kann also nix passieren. Es ist ein Riesenspaß, in die Tasche zu kriechen. Na, eigentlich sollte die Tasche Ordnung schaffen. Frauchen ist aber selbst schuld, schließlich ist sie für das Aufräumen zuständig …

In der Küche liegt der Stoffball, im Flur die Spielmaus, im Wohnzimmer querbeet verteilt die Spielangel, das Kuschelkissen und ein Quietschevogel. Irgendwie haben die Spielsachen kein richtiges Zuhause, sprich: einen Platz, wo sie hingehören. Wie wär's mit einer Tasche, die extra für die Katzenspielsachen gemacht ist? Solch ein Beutel ist richtig schick, besonders wenn er an der Garderobe hängt oder in der Küche am Haken der Geschirrhandtücher. Der Clou: die schwarze Stoffkatze. Sie blinzelt gewitzt hinter der Tasche hervor, sie hat alles im Blick. Und solch eine Tasche ist schnell selbst genäht! Für sich selbst zu Hause oder auch als Geschenk für alle Katzenliebhaber.

Materialien

- Baumwoll- oder Leinenstoff in Bunt gestreift, ca. 94 cm x 70 cm
- Baumwollstoffrest in Schwarz, 40 cm x 20 cm
- Stoffrest aus Polyester in Neongelb
- Füllwatte

Vorlage Seite 116

1 Der Beutel hat eine Höhe von 40 cm und eine Breite von 30 cm. Der Schlaufen-Griff ist insgesamt 90 cm lang und 2,5 cm breit. Zuerst schneide ich aus dem gestreiften Baumwollstoff zwei Stoffteile in der Größe der Tasche plus Nahtzugabe aus und lege sie rechts auf rechts.

2 Dann nähe ich die Teile mit dem Geradstich zusammen, schmalkantig entlang der Seitennaht. Die obere Seite lasse ich offen, die Nähte verriegele ich jeweils mit zwei Stichen vor und zurück. Überstehenden Stoff schneide ich mit der Schere ab, dabei achte ich darauf, dass die Naht nicht verletzt wird.

3 Bevor ich die Tasche wende, nähe ich den langen Schlaufen-Griff. Dafür schneide ich aus dem gestreiften Baumwollstoff ein 94 cm (90 cm plus je 2 cm Nahtzugabe an beiden Seiten) langes und 5 cm breites Stoffstück.

4 Ich klappe das Stoffteil mittig an den Längsseiten ein, sodass der Griff später eine Breite von 2,5 cm hat. Den eingeschlagenen Stoff bügele ich glatt, damit ich ihn besser nähen kann. Im Handel gibt es übrigens auch Wendenadeln zu kaufen, sodass solch ein langer Griff auch rechts auf rechts zusammengenäht werden kann, um ihn dann zu wenden. Ich finde dies aber immer schwierig und so nähe ich solch ein langes Stoffstück immer mit eingeklappten Seitenrändern ordentlich mit zwei Parallelnähten zusammen, ohne es später aufwendig wenden zu müssen.

5 Jetzt nähe ich den Schlaufen-Griff am Beutel fest. Dazu werden je ca. 6 cm des Griffes an der Beutelnaht festgenäht. Die Tasche drehe ich um und fast ist sie schon fertig.

6 Aber es fehlt noch das Highlight: die schwarze Katze, die sich optisch hinter dem Beutel versteckt. Dazu schneide ich aus dem schwarzen Stoff doppellagig die Form eines Katzenkopfes aus. Das Schnittmuster dafür steht auf Seite 116. Außerdem schneide ich für die Pfoten noch zwei kleine Ovale aus.

Valentinas Infobox

Ich hatte übrigens noch eine alte Tischdecke zu Hause, aus dieser habe ich die Tasche genäht. Bevor ich etwas nähe, schaue ich immer zuerst in meine Schränke, ob ich dort nicht irgendetwas ausrangieren kann. Den Stoff für die Katze habe ich von einer alten schwarzen Hose genommen, die ich schon lange nicht mehr getragen habe. Also einfach mal zu Hause schauen, ob aus T-Shirts, Hosen, Tischdecken oder Kleidern schöne neue Dinge entstehen können!

7 Aus dem neongelben Stoff schneide ich die Augen aus. Diese platziere ich auf die rechte Seite eines schwarzen Kopfteils und nähe sie mit engen Zickzackstichen mit schwarzem Garn fest. Für die Pupillen setze ich mit dem Garn noch mittig jeweils in ein Auge eine Naht.

8 Nun lege ich die Katzenkopfteile rechts auf rechts zusammen und nähe sie am Rand aneinander. Ich lasse eine kleine Wendeöffnung, wende den Katzenkopf und fülle ihn mit etwas Füllwatte. Die Wendelücke schließe ich per Hand mit der Zaubernaht.

9 Dann kommen noch die zwei Pfoten an die Reihe: Jeweils zwei ovale Stücke zusammennähen, eine Wendelücke lassen, Watte einfüllen, Stoffteile umdrehen und die Wendeöffnung schließen.

10 Schließlich nähe ich den Kopf und die Pfoten per Hand an die Tasche. Dazu verwende ich einen transparenten Nylonfaden, damit die Nähte nicht auffallen. Jetzt ist sie fertig: die extravagante Katzenspielzeugtasche.

Kleine Naschkatzen

Ernährung

Katzen würden Mäuse kaufen! Tja, wenn's nur so einfach wäre. Aber neben den kleinen Nagetieren fressen Katzen auch unheimlich gerne Fisch und Fleisch und manch andere Leckerei. Also bitte nicht immer nur Dosen oder andere Fertigpackungen kaufen, sondern einfach mal selbst den Kochlöffel schwingen. Ist auch ganz einfach: Ob nun Futter oder selbst gebackene Leckerchen, hier im Kapitel gibt's alles, was das Katzenherz begehrt – und natürlich auch der Katzenmagen ...

Leckerchen

Wer für seine Katze gerne Leckerchen selbst herstellen möchte, muss nicht perfekt backen können. Im Gegenteil, denn die Herstellung von Katzenkeksen ist ganz einfach und macht eine Menge Spaß. Meine Rezepte sind alle als Happen zwischendurch geeignet, sie ersetzen keine vollwertige Nahrung für die Katze. Also bitte nicht das ganze Katzenleben lang die Mieze nur mit schmackhaften Fischröllchen oder den saftigen Flockenkugeln füttern! Eine ausgewogene Ernährung ist immer wichtig. Und jetzt viel Spaß beim Nachbacken.

Fisch und Fleisch

Köstliche Fleischfische

Schnittchens Tipp

Es ist ein Irrglaube, wenn jemand meint, wir Katzen möchten Trockenfutter oder Katzenkekse gerne im Futterschälchen angeboten bekommen. Schließlich sitzt tief in uns drin der Jagdinstinkt und so lieben wir es zu spielen und zu fangen. Im Kapitel 1 dieses Buches werden spannende Beschäftigungsspiele vorgestellt. Auch welche, bei denen Futter versteckt wird, welches wir uns mit den Pfoten rausfischen müssen. Liebe Katzenbesitzer: Spielt mit uns und versteckt das Futter – und auch die hier angepriesenen Katzenleckerchen! Wir erobern gerne, und vor allem etwas Fressbares. So schmeckt es meistens noch besser!

Zutaten

(für 2 Backbleche)

- 3 EL Rinderhackfleisch
- 3 TL Thunfisch aus der Dose
- 2 TL Leberwurst
- 1 Ei
- 8 EL Mehl
- 2 TL Magerquark

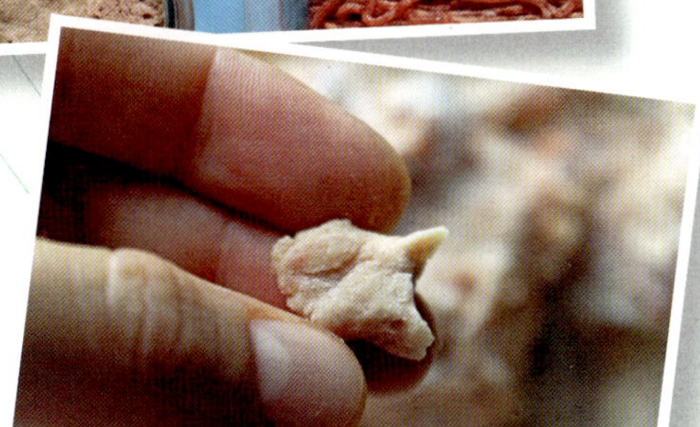

1 Weder Fisch noch Fleisch ... im Gegenteil! Es handelt sich um Fisch UND Fleisch gemeinsam, also doppelt lecker. Dazu nehme ich Rinderhackfleisch – also bitte kein gemischtes Schweine-Rinder-Hackfleisch, sondern immer nur pures Rinderhackfleisch! – Thunfisch aus der Dose, Leberwurst, das Ei, das Mehl und den Quark und vermische alles in einer Schüssel. Falls Ihre Katze sehr gerne Leberwurst mag, können Sie die Menge natürlich erhöhen.

2 Wenn der Teig noch zu klebrig sein sollte, immer wieder etwas Mehl dazumischen, bis er fest ist. Nun nehme ich ganz kleine Teigstückchen in die Hand und forme mit den Zeigefingern und dem Daumen kleine Ovale. Anschließend drücke ich sie etwas platt und forme die zwei Schwanzflossen, indem ich aus dem ovalen Stück zwei Spitzen herauszupfe.

3 Wer sich diese Arbeit nicht machen möchte, kann natürlich auch nur Minikügelchen rollen. Aber solche Fische sehen echt schön aus und können auch, in einer kleinen Tüte verpackt mit einem bunten Band verziert, bestens an Katzenliebhaber verschenkt werden.

4 So, nun zwei Backbleche mit Backpapier belegen, alle Fische darauf verteilen und in den Ofen schieben. Bei 200 Grad (Ober- und Unterhitze) die Fischchen 25 Minuten goldbraun backen. Erst damit ins Katzenmaul, wenn sie abgekühlt sind, auch wenn Schnittchen es kaum erwarten kann.

Für Leckermäulchen

Schmackhafte Fischröllchen

Zutaten

(für 2 Portionen)

- 4 Scheiben geräucherten Lachs
- 3 EL Frischkäse
- 2 TL Thunfisch aus der Dose

1 Dieses Rezept ist ganz schnell zubereitet und dafür brauche ich noch nicht einmal einen Backofen. Ich schneide den Lachs in kleine Stückchen und rühre dazu den Frischkäse und den Thunfisch aus der Dose. Bitte darauf achten, dass der Thunfisch nicht gewürzt ist!

2 Es entsteht eine schöne dicke Masse, die ich dann mithilfe zweier Teelöffel zu kleinen Röllchen auf einem Teller forme. Der Fischgeruch durchdringt die ganze Wohnung, selbst tief schlafende Stubentiger riechen diesen Leckerbissen sofort. Bei diesem Gericht wird jede Katze zum Feinschmecker. Garantiert.

Valentinas Infobox

Bei meinen Esslöffelangaben bitte beachten: Ich meine immer einen gehäuften Esslöffel. Außerdem arbeite ich immer gerne mit EL- und TL-Angaben, das ist einfacher abzumessen als Gramm-Angaben. Einen Esslöffel oder Teelöffel hat jeder zu Hause.

Valentinas Infobox

Die Verpackung mit den restlichen Hühnerherzen stelle ich in den Kühlschrank und mache mir daraus selbst noch ein Gericht oder verfüttere sie im Laufe des nächsten Tages. Bitte nicht lange aufbewahren, Hühnerherzen werden schnell schlecht und riechen dann recht streng. Falls dies der Fall ist, direkt ab in die Mülltonne.

Ei und Henne

Knusprige Ostereierchen

Zutaten

(für 2 Backbleche)

- 6 Hühnerherzen
- 1 Ei
- 6 EL Mehl
- 3 TL Sonnenblumenöl

Schnittchens Tipp

Wenn Katzen schon keine Hasen oder Hühner jagen dürfen, dann sollten sie zumindest Ostereier vernaschen dürfen. Und zwar knusprige! Lecker mit eiweißreichen Hühnerherzen versehen.

1 Ich kaufe beim Metzger oder im Supermarkt eine Packung Hühnerherzen, entnehme davon sechs Stück und schneide sie in ganz kleine Stückchen. Zwei, drei ganze Herzen kann ich der Katze gerne auch direkt als Zwischensnack anbieten.

2 Ich vermische alle Zutaten und forme aus dem Teig kleine Eier, die allerhöchstens so groß sind wie die Hälfte eines kleinen Fingernagels. Als Vergleich kann man sich immer gekauftes Katzentrockenfutter ansehen. Daran ist prima zu erkennen, wie klein Katzenleckerchen sind. Wenn die Katzenkekse zu groß sind, muss man sich nicht wundern, wenn die Katze die selbst gebackenen Leckerbissen nicht anrührt.

3 Nun die Eier auf zwei mit Backpapier ausgelegte Bleche verteilen und bei 200 Grad (Ober- und Unterhitze) 20 Minuten knusprig backen. Natürlich erst erkalten lassen und dann der Katze anbieten. Oder auch verstecken ... schließlich ist ja Ostern.

Alle Jahre wieder …

Weihnachtliche Thunfisch-Sterne

Zutaten

(für 3 Backbleche)

- 100 g Thunfisch aus der Dose
- 6 EL Vollkornmehl
- 2 EL Magerquark
- 1 Ei

1 Ich vermenge alle Zutaten mit einem Löffel zu einem glatten Teig.

2 Dann werden die Sterne geformt: Erst rolle ich eine kleine Kugel, drücke sie etwas platt und halte sie mit dem Daumen und Zeigefinger der linken Hand fest. Nun nehme ich meinen Zeigefinger und den Daumen der rechten Hand und ziehe aus dem Teigstückchen die fünf Sternenspitzen heraus. Eine echte Geduldsarbeit, aber Übung macht bekanntlich den Meister. Nach zehn Sternen spätestens hat man's raus, wie der Teig am besten und schnellsten geformt wird.

3 Für die Größe der Sterne orientiere ich mich übrigens immer an einem 1-Cent-Stück. So groß höchstens sollte das Leckerchen sein. Wenn der Stern zu groß ist, frisst die Katze ihn nicht.

4 Und nicht vergessen: Immer zwischendurch die Hände mit Mehl bestäuben, sonst ist der Teig zu feucht. Dann ist es schwierig, die Sterne zu formen.

5 Bei 200 Grad 15 bis 20 Minuten (Ober- und Unterhitze) goldbraun backen. Da kann ich nur sagen: Fröhliche Weihnachten, ihr lieben Katzen!

Valentinas Infobox

Im Handel gibt es natürlich auch Miniatur-Ausstechformen für Sternchen zu kaufen. Dann erspart man sich die mühselige Formerei. Ich lege aber immer gerne selbst Hand an.

Runder Genuss

Saftige Flockenkugeln

Zutaten

(für 1 Backblech)

- 4 EL Haferflocken
- 2 EL Quark
- 100 g Sardinen aus der Dose
- 1 Ei
- 4 EL Mehl

1 Ich nehme die feinen Haferflocken – nicht die kernigen – und mische sie mit dem Quark, den Sardinen, dem Ei und dem Mehl. Aus dem saftigen Teig forme ich viele kleine Kugeln.

2 Ich verteile sie auf einem Backblech mit Backpapier und schiebe es in den Ofen bei 200 Grad (Ober- und Unterhitze). Nach 20 Minuten sind die Kügelchen goldbraun. Ich lasse sie abkühlen und biete sie den Naschkatzen an.

3 Manch eine Katze schnappt nicht gleich zu, sondern schnuppert erst an den neuen Leckerbissen. Einfach ein bisschen Geduld haben. Neugierige Katzen finden daran gewiss Geschmack. Sardinen stehen schließlich meistens auf dem Leibspeisezettel einer Katze.

Valentinas Infobox

Katzen, die es gerne saftiger mögen als die knusprigen Thunfisch-Sterne, bekommen diese Flockenkugeln. Katzen sind ja wählerisch. Und es ist bekannt, dass „Katzen Personal haben, Hunde hingegen Herrchen"... Also werden Katzen natürlich anständig bedient.

Futter

Katzen sind Gewohnheitstiere. Und wer ihnen nur fertiges Trockenfutter anbietet, kann davon ausgehen, dass es schwierig wird, ihnen einmal einen frischen Fisch zu servieren. Der Katze einer Freundin habe ich schon mehrfach versucht, selbst gemachtes Katzenfutter zu präsentieren. Es roch lecker nach Fisch, war schön saftig und bekömmlich, aber ich hatte keine Chance. Als die Freundin das Näpfchen mit ihrem sehr preiswert gekauften Trockenfutter füllte, aß die Katze genüsslich. Das war recht frustrierend für mich: „Perlen vor die Säue". Aber Hauptsache, der Katze geht es gut, sie ist zufrieden und vor allem gesund. Wer eine Katze hat, die zwischendurch Abwechslung im Napf mag, wird sich über meine Rezepte sicher freuen. Viel Spaß beim Nachkochen und Nachmachen!

Schnittchens Tipp

Noch ein wichtiger Tipp zur Futtertemperatur. Klar ist alles aus dem Kühlschrank schön frisch, aber wer mag schon eiskalte Thunfisch-Happen? Da friert ja fast unsere Zunge fest. Nein, nein, bitte nichts direkt aus diesem „Futteriglu" anbieten. Wir mögen unsere Lachsröllchen, Rinderhacktaler & Co. bitte zimmerwarm. Wenn ihr das beachtet, sind wir wirklich alle ganz liebe kleine zufriedene Naschkätzchen.

Was für Naschkatzen ...

Thunfisch-Happen

Zutaten

(für 3 Portionen)

- 2 EL Thunfisch aus der Dose
- 3 EL feine Haferflocken
- 2 EL Magerquark

1 Ich vermische alle Zutaten in einer kleinen Schale. Die Haferflocken sollten am besten aufgeweicht sein, dann mögen Katzen sie in der Regel lieber. Entweder weiche ich die Flocken ca. eine Stunde vor dem Verzehr in dem Quark ein und mische dann nur noch den Thunfisch dazu. Oder ich vermische alle Zutaten und serviere der Katze das Futter dann erst nach ca. einer Stunde zimmerwarm.

2 Dazu forme ich kleine Happen, am besten mit zwei Teelöffeln und biete sie der Katze in ihrem Futternapf an. Oder direkt vom Finger: wie es Schnittchen am liebsten mag. Eine vollwertig saftige Tigermahlzeit!

Valentinas Infobox

Immer wieder werde ich gefragt, ob Katzen eigentlich Milch trinken dürfen. Das Bild der milchschlabbernden Katze kennt ja irgendwie jeder. Doch Milch kann Probleme bereiten! Den meisten erwachsenen Katzen fehlt nämlich die Lactase, also ein bestimmtes Enzym, um Milch problemlos verdauen zu können. Sie können demnach den Milchzucker (Lactose) nicht verstoffwechseln, das führt oft zu Magen-Darm-Problemen, wie Bauchschmerzen und Durchfall. Also der Katze am besten schlichtes Leitungswasser zum Trinken anbieten. Und beim Futter auch keine Milch verwenden. Somit sind die Rezepte hier alle milch- und sahnefrei.

Es ist angerichtet

Huhn auf Reis

1 Dieses Gericht lässt sich wunderbar einfrieren, daher kann auch eine größere Menge zubereitet werden. Zuerst koche ich den Reis und entnehme davon 5 EL. Den Rest verwende ich selbst, weil ich immer gerne Reis schnabuliere, am liebsten mit einem leckeren Sößchen ... aber zuerst ist jetzt die Katze an der Reihe.

2 Nach dem Reis dünste ich noch die halbe Mohrrübe, sodass die Stückchen schön weich werden. Dann schneide ich die Hühnerherzen in Mini-Stücke.

3 Ich gebe alles zum Reis dazu, schlage das Ei noch rein, schütte das Öl dazu und vermenge alle Zutaten ordentlich. Und schon wird es angerichtet. Eine willkommene Futterabwechslung für Schnittchen & Co. Liebe Katzen: Lasst es euch gut schmecken!

Zutaten

(für 3 Portionen)

- 5 EL Reis, gekocht*
- ½ Mohrrübe, in Scheiben
- 5 Hühnerherzen
- 1 Ei
- 1 TL Sonnenblumenöl

*Bitte keinen Basmatireis verwenden, weil dieser zu stark duftet.

Schnittchens Tipp

Beim Thema Katzenernährung gibt's einiges zu beachten: Wir Katzen mögen es zum Beispiel gar nicht, wenn wir nur einmal am Tag etwas zum Futtern bekommen. Wir möchten lieber kleine Portionen über den Tag verteilt. Viele Herrchen und Frauchen denken auch, dass Rohes für Katzen ungesund sei. Das ist Quatsch! Oder habt ihr schon mal gesehen, dass wir unsere gefangenen Mäuse erst in den Kochtopf werfen, bevor wir sie verzehren?

à la Schnittchen

Rindergeschnetzeltes

1 Schnittchen wäre es natürlich am liebsten, wenn ich gleich zehn Portionen kochen würde. Aber diese Delikatesse soll ja etwas Besonderes bleiben. Und so koche ich in der Küche ganz frisch zwei leckere Portiönchen.

2 Dazu schneide ich das Rindfleisch in kleine, katzengerechte Stückchen, weiche die Haferflocken im Frischkäse ein, gebe das Fleisch mit dem Öl in eine heiße Pfanne und füge zum Schluss den Frischkäse-Haferbrei hinzu.

3 Ich vermenge alles schön miteinander, lasse es gut abkühlen und rufe dann Schnittchen dazu. Aber meistens riecht sie den Braten schon vorher ... Ruck zuck vertilgt sie ihr Lieblingsgeschnetzeltes und guckt mich sehnsüchtig an, als ob sie heute noch gar nichts zu fressen bekommen hätte. Was für ein Anblick!

Zutaten

(für 2 Portionen)

- 100 g Rindfleisch
- ½ TL Olivenöl
- 3 EL feine Haferflocken
- 5 EL Frischkäse

Schnittchens Tipp

Anstatt des Rindfleisches mögen wir Katzen auch gerne Putenfleisch. Dies kann ja auch problemlos als Geschnetzeltes zubereitet werden. Und bitte lieber mehr Fleisch dazu, nicht so viele Haferflocken. Fleisch schmeckt doch so lecker!

Lecker Schmecker

Kleine Rinderhacktaler

Zutaten

(für 4–6 Portionen)

- 250 g Rinderhackfleisch
- 1 Ei
- 1 TL frische Kräuter, klein gehackt
- 3 EL Quark

1 Ich vermische das Rinderhackfleisch mit dem Ei, den Kräutern und dem Quark und forme dann in einer Hand kleine Taler. Bei der Größe achte ich darauf, dass sie nicht zu groß sind, sodass die Katze sie gut kauen kann.

2 Die Taler lege ich nun in die heiße Pfanne und gebe 1 TL Sonnenblumenöl dazu. Ich brate sie schön durch, lasse sie abkühlen und serviere sie der Katze. Mmmhh!

Valentinas Infobox

Viele meinen, Katzen könnten problemlos mit Hundefutter gefüttert werden. Aber dem ist nicht so! Denn Katzen haben einen viel höheren Energiebedarf als Hunde. Somit ist wichtig, Katzen verdauliche, gesunde Eiweißträger wie Muskelfleisch und Fisch zum Fressen zu geben. Aber Vorsicht: Kein rohes Schweinefleisch verfüttern! Dieses kann den sogenannten Aujeszky-Virus enthalten. Menschen sind für diesen Virus unempfänglich, Katzen hingegen schon! Die Krankheit wird auch Pseudowut oder Tierseuche genannt, da das angesteckte Tier bei Erkrankung tollwutähnliche Symptome aufweist.

Tierischer Hochgenuss

Feiner Lachseintopf

Zutaten

(für 3 Portionen)

- 3 Scheiben geräucherter Lachs
- 3 EL gekochter Reis
- ½ Mohrrübe
- 1 TL Öl (z. B. Raps- oder Sonnenblumenöl)
- 12 EL Wasser

1 Wenn die Katze Nassfutter mag und gerne Lachs vernascht, ist dieser Eintopf genau das Richtige für sie. Hier koche ich Reis ab und gebe davon 3 EL in eine Schüssel.

2 Dann schneide ich die halbe Mohrrübe in kleine Stücke und dünste sie. Die Stückchen müssen schön weich sein, sonst sortiert die Katze sie aus dem Eintopf aus. Das habe ich schon erlebt: Alles war vernascht, nur die Mohrrübenstückchen lagen neben dem Futternapf.

3 Die weichen Mohrrübenstückchen dann zu dem Reis geben und untermischen. Die Lachsscheiben klein schneiden und dazugeben. Nun noch das Öl und das Wasser hinzufügen und alles schön umrühren. Bestimmt wartet die Katze schon miauend in der Küche und kann es kaum erwarten. Also ab damit in den Napf! Ein tierischer Hochgenuss.

Valentinas Infobox

Ich konzentriere mich bei meinen Futterideen vor allem auf gesunde, erwachsene Tiere – nicht auf Senioren- und Babykatzen. Alles ist mehrfach von verschiedenen Katzen getestet, und es scheint lecker zu sein. Dank des Schmatzens und der leeren Näpfchen darf ich das so selbstbewusst behaupten.

Für Schmusekater und Stromer

Fellness und Unterwegs

Fellness pur, denkt sich da so mancher Stubentiger! Nach der ganzen Beschäftigung in Kapitel 1 und dem großen Fressen in Kapitel 2 geht's jetzt um Entspannung. Außergewöhnliche, flauschige Liegekissen, auf der jede Katze zu schnurren anfängt, oder knallig-pinke Kuschelfreunde, an denen jeder Tiger sein Köpfchen reibt. Aber es geht in diesem Kapitel nicht nur um Schlaf und Ruhe, sondern auch um wunderschöne Accessoires für Katzen, die sich nicht nur in der Wohnung aufhalten. Blättern Sie weiter, hier können Sie noch was lernen!

Häuptling Samtpfote

Originelles Versteckzelt

Als Fernsehjournalistin bin ich sehr viel als Reporterin unterwegs, um TV-Beiträge über Tiere zu drehen. Eines Tages besuchte ich mit meinem Kamerateam eine Familie mit zwei kleinen Kindern, die eine streunende Katze aufgenommen hatte, welche kurze Zeit später Kitten gebar. Bei unserem Dreh waren die Kitten sieben Wochen alt: zuckersüß und total verspielt. Sie rannten im Wohnzimmer umher und versteckten sich im aufgebauten Indianerzelt des fünfjährigen Sohnes der Familie. Was für ein niedlicher Anblick! Die kleinen Katzenaugen blickten aus dem Zelt hervor. Der kleine Sohn fand das aber gar nicht lustig, er hätte gerne sein Zelt wieder für sich gehabt. Da kam mir die Eingebung: Ein Zelt speziell für Katzen, das ist doch eine tolle Idee! Katzen verstecken sich unheimlich gern und solch ein Zelt hat einen schönen Höhlencharakter. Ein paar Tage später setzte ich mich an meine Nähmaschine und entwarf ein kleines Zelt aus kuscheligem Fleecestoff, das ich der Familie als Dank für den Dreh zuschickte. Endlich hatte der Sohn sein Indianerzelt zurück und die Katzen nun ihr eigenes Versteckzelt. Wer auch ein Zelt kreieren möchte: Hier geht's zur Anleitung.

Materialien

- Fleecestoff in Blau, ca. 52 cm x 208 cm
- Fleecestoff mit Sternenmuster, ca. 52 cm x 52 cm
- 4 gleich lange Holzstöcke, ca. 60 cm lang, ø ca. 5 mm

Schnittchens Tipp

Wer will, kann im Zelt ein paar Spielsachen, wie z. B. das Kuschelkissen von Seite 84 verstecken oder auch die Federspielmäuse von Seite 10. Und wenn wir Katzen mal nicht spielen wollen, schlafen wir auch gerne in unserem Zelt. Der Boden des Zeltes ist schön kuschelig. Solch ein Zelt ist echt toll!

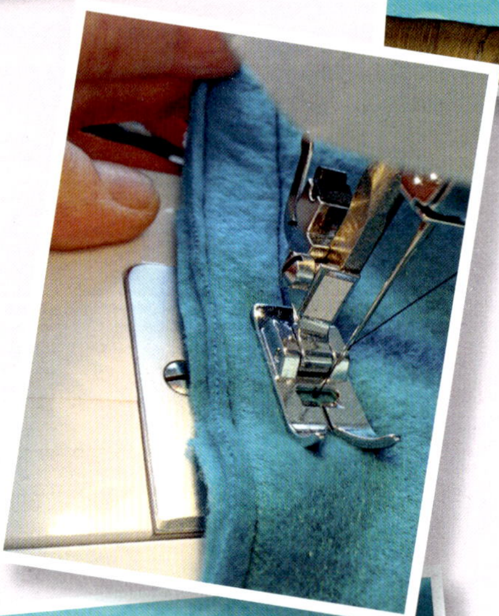

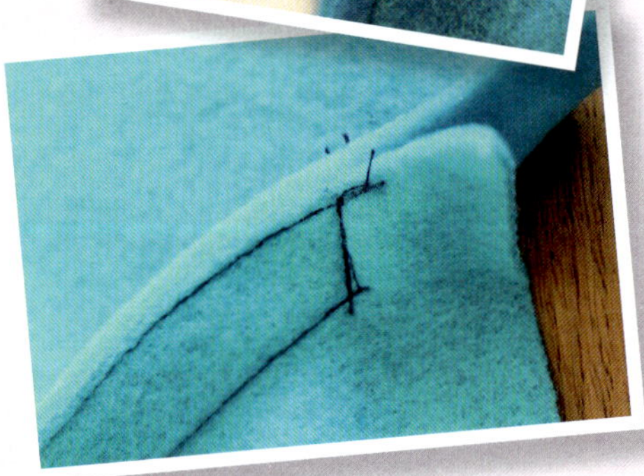

1 Als erstes schneide ich aus dem blauen Fleecestoff vier gleich große Dreiecke (Kantenlänge: 50 cm x 50 cm x 50 cm plus Nahtzugabe) aus. In eines der Dreiecke schneide ich eine kreisförmige Öffnung. Der Vorteil von Fleece ist, dass die Ränder nicht ausfransen. Alternativ können Sie auch ein farbiges Schrägband annähen.

2 Nun lege ich zwei Dreiecke rechts auf rechts und nähe sie mit dem Geradstich entlang einer Seitennaht schmalkantig zusammen. Parallel zu dieser Naht setze ich nochmals eine Naht, sodass sich ein Tunnel ergibt, in den später einer der Stöcke geschoben wird.

3 Den Tunnelzug lasse ich oben offen, unten zum Boden nähe ich ihn zu, damit der Stock später nicht aus dem Zelt rutschen kann.

4 Jetzt klappe ich die zwei Dreieckteile auf und nähe das nächste Stoffteil wieder rechts auf rechts an der nächsten Seitennaht fest. Auch hier setze ich zwei Nähte parallel, sodass der nächste Tunnelschacht entsteht. Genauso verfahre ich bei den folgenden Kanten, bis das Zeltdach fertig genäht ist.

Valentinas Infobox

Die Stöcke gibt es im Bauhandel in der Holzabteilung zu kaufen. Wer will, kann aber auch vier Äste aus dem Wald holen und sie auf die gleiche Länge sägen. Eine weitere Möglichkeit: Wer noch Laternenstäbe aus Holz zu Hause hat, kann auch diese verwenden. Sie haben genau die richtige Länge und Stärke. Und übrigens: Dadurch, dass die Stöcke ganz einfach zu entfernen sind, kann das Zelt problemlos in der Waschmaschine gereinigt werden.

5 Die vier Stöcke werden von oben in die Schächte geschoben. Man kann auch erst ganz zum Schluss die Stöcke einschieben, ich habe aber die Erfahrung gemacht, dass es für mich leichter ist, weiterzunähen, wenn alle vier Stöcke bereits platziert sind.

6 Nun fehlt noch der Zeltboden. Hierfür brauche ich den rosafarbenen Sternenfleecestoff als Quadrat von 50 cm x 50 cm (plus je 2 cm Nahtzugabe). Ich nähe es an das Zeltdach fest, indem ich beide Ränder – vom Boden und vom Dach – jeweils einschlage und von außen die Naht setze.

7 Wer die Stöcke noch nicht eingeschoben hat, kann auch den Boden rechts auf rechts aus annähen und ganz zum Schluss das Zelt auf die richtige Seite drehen. Die Wendeöffnung oben an der Zeltspitze ist dafür jedoch recht klein, sodass es nicht so einfach ist. Außerdem gefällt mir eine Naht, die von außen gesetzt ist, bei einem Zelt optisch besser.

8 Ganz zum Schluss nähe ich die Bodenecken mit der Hand noch rund, fertig ist das Versteckzelt.

Schnittchen und Batman

Flauschiges Liegekissen

Valentinas Infobox

Fleece hat tolle Eigenschaften:

- geringes Gewicht
- wasserabweisende Oberfläche
- schnell trocknend
- widerstandsfähig und langlebig
- weich und kuschelig

Katzen schlafen bis zu 15 Stunden am Tag! Das ist wirklich enorm. Aus diesem Grund alleine schon sollten Katzenbesitzer ihren Samtpfoten das Schlummern so angenehm wie möglich gestalten. Die Stubentiger mögen im Übrigen nicht nur einen Schlafplatz, sondern lieber ein paar mehr. So sitzt auch Schnittchen gerne mal oben auf dem Schrank, dann döst sie auf dem Tisch, ein paar Stunden später an der Heizung usw. Die Kleine liebt es, kuschelig weich zu liegen. So habe ich mir gedacht, ihr dieses Kissen hier zu nähen. Ich habe die Umrisse irgendwann mal selbst mit Kreide auf den Stoff gemalt, zusätzlich den Kopf. Eigentlich sollte es ein Kissen werden, das einer Katze ähnelt. Aber Freunde sagten spontan, als sie es sahen: „Oh, hat Schnittchen einen Batman bekommen?" Seitdem hat das Kissen diesen Namen. Schnittchen und Batman: ein schickes Team.

Schnittchens Tipp

Wir Katzen suchen unseren Schlafplatz immer selbst. Als ich das erste Mal das Batman-Kissen sah, habe ich gestutzt. Doch es wurde mir schmackhaft gemacht. Es lagen auf einmal ein paar Futterbrocken darauf verstreut. „Mmmh, lecker", dachte ich! Jeden Tag lagen wieder welche da, bis mir das Kissen richtig gut gefiel. So wurde ich clever umgarnt. Auf Batman zu ruhen, ist für mich nun 'ne coole Sache.

Materialien

- Fleecestoff, ca. 84 cm x 40 cm
- Fellimitatrest
- Füllwatte

Vorlage Seite 116

1 Das Kissen ist ca. 40 cm lang und 35 cm breit. Auf Seite 116 ist eine Skizze des Kissens zu finden. Den Fleecestoff nehme ich doppelt, skizziere die Form des Körpers und schneide die Stoffteile danach aus. Dann lege ich die Stoffseiten rechts auf rechts und nähe sie mit dem Geradstich zusammen.

2 An einer Seite lasse ich eine ca. 12 cm lange Wendeöffnung. Diese verriegele ich mit zwei Stichen vor und zurück. Die Wendeöffnung muss so groß sein, dass ich nachher beim Befüllen mit der ganzen Hand ins Kissen gelange. Denn durch die Steppnähte ist es etwas schwierig, das Kissen bis in die letzte Ecke zu befüllen.

3 Nun drehe ich das Kissen um, also auf rechts, und schneide zunächst die überstehenden Stoffränder ab. Vorsicht: nicht mit der Schere dabei die Naht verletzen.

Valentinas Infobox

Ich achte darauf, dass der Schwanz des Kissens nicht zu schmal wird, denn dann ist es nachher unheimlich schwierig, den Stoff zu wenden und auch zu füllen. Also lieber das Schwänzlein schön breit und lang machen.

4 Nun wird das Kissen abgesteppt: Ich markiere mit einem Stift bzw. Kreide sechs Punkte auf dem Stoff, im gleichen Abstand nebeneinander, jeweils dreimal zwei Punkte symmetrisch zueinander (vgl. Skizze Seite 116). Mit der Nähmaschine steppe ich diese Punkte ab, ich verriegele das Garn auf derselben Stelle vor und zurück, sodass die Naht sehr punktuell gesetzt wird.

5 Nun kommt die Füllung. Ich achte darauf, dass alle vier Füße und auch das Schwänzlein schön gefüllt sind. Dann schließe ich die Wendeöffnung per Hand mit Nadel und Garn mit der sogenannten Zaubernaht.

6 Jetzt kommt noch der Kopf an die Reihe. Ich skizziere die Form auf dem Fleecestoff, den Stoff nehme ich natürlich auch wieder doppelt und schneide ihn aus. Bevor ich die beiden Stoffteile zusammennähe, appliziere ich mit engem Zickzackstich auf den rechten Seiten des Stoffes die Fellimitat-Kreise.

7 Dann lege ich die rechten Seiten der Stoffteile aufeinander, nähe sie mit dem Geradstich zusammen und lasse auch hier eine Wendeöffnung. Es reicht allerdings, wenn sie nur 5 cm groß ist. Nach dem Wenden befülle ich den Kopf mit der Füllwatte und schließe Batmans Kopf ebenfalls mit der Zaubernaht.

8 Jetzt folgt das Finale: Der gefüllte Kopf wird punktuell am Hals des Kissens angenäht. Fertig ist das super-weiche Fledermausliegekissen.

Mit Herz und Liebe

Fellige Katzendecke

Valentinas Infobox

Die Decke wirkt vor allem durch das Muster des Fellimitats. Diesen Stoff nehme ich sehr gerne, weil er so echt wie ein Tierfell aussieht. Er lässt sich unheimlich gut waschen. Auch mithilfe einer Kleiderbürste lassen sich die Katzenhaare einfach entfernen. Wenn Willi nämlich im Fellwechsel ist, kann es durchaus sein, dass die Decke keinem Leoparden mehr gleicht, sondern eher einem Willi-Geschwisterchen ...

Katzen schlafen nicht nur gerne, sondern sie liegen auch gerne einfach nur so rum – ohne, dass sie die Augen schließen und ins Land der Träume abtauchen. Genau diese Liegeplätze können Katzenbesitzer verschönern, und zwar am besten mit optischen Reizen. Wie gerne sitzt Schnittchen am Fenster und beobachtet draußen die Straße, wo viele Menschen vorbeilaufen. Sitz- und Liegeplätze direkt am Fenster sind willkommene Aussichtsplattformen. Und genau da sollen Mieze & Co. ja nicht auf dem Harten sitzen. Ein Kissen oder auch eine kuschelige Decke kommen da genau recht. Eine extra für die Katze genähte Decke hat auch den Vorteil, dass sie z. B. aufs Sofa gelegt werden kann. Der Stubentiger weiß dann, dass er sich dort hinlegen darf. Hier geht's nun zur Anleitung der „Platzdecke".

Materialien

- Fellimitat in Leopardenmuster, 70 cm x 110 cm
- Fleecestoff in Lila, 20 cm x 20 cm
- Baumwollstoff in Gestreift, 15 cm x 15 cm

Vorlage
Seite 117

1 Die Decke ist 65 cm lang und 50 cm breit und besteht aus zwei Stoffteilen, die zusammengenäht werden müssen. Bevor ich dies mache, appliziere ich zuerst die zwei Herzen. Hierfür schneide ich anhand der Vorlage das größere Herz aus dem lilafarbenen Fleecestoff aus und das kleinere Herz aus dem gestreiften Baumwollstoff.

2 Erst platziere ich das Fleece-Herz auf die Decke und fixiere es mit zwei Stecknadeln. Dann nähe ich es mit dem Zickzackstich an. Ich umrunde es dreimal, damit die Naht sehr dicht ist und plastisch wirkt.

3 Auf dieses Herz lege ich dann das kleinere und nähe es in der gleichen Art fest. Wer es auffälliger mag, kann dafür ein besonderes Nähgarn nehmen, ich habe ein beiges genommen. Übrigens: Die Herzform soll einfach eine Anregung sein. Es können natürlich auch Fische, Pfotenabdrücke oder auch Buchstaben aufgenäht werden.

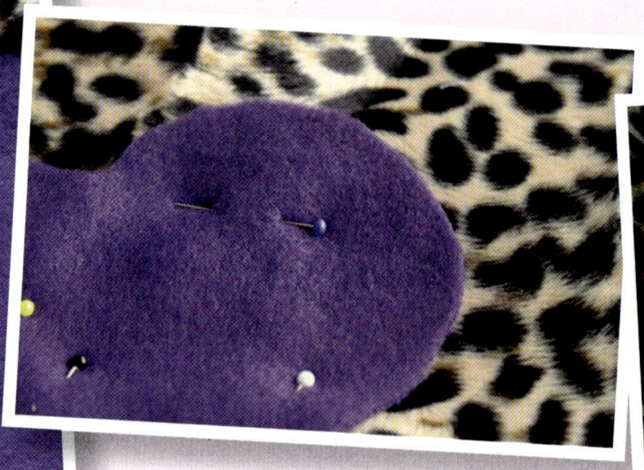

4 Wenn ich mit dem Motiv fertig bin, lege ich die Stoffteile der Decke rechts auf rechts und nähe sie am Rand zusammen, hierfür stelle ich den Geradstich an meiner Nähmaschine ein.

5 An einer Seite der Decke lasse ich eine kleine Wendelücke, diese verriegle ich sauber mit zwei Stichen vor und zurück. Dann drehe ich die Decke um und nähe die Wendeöffnung per Hand und Nadel mit der Zaubernaht zu.

6 Ganz zum Schluss fixiere ich noch die Ober- und Unterseite der Decke, indem ich punktuell vier Mal auf der Decke verteilt mit der Nähmaschine ein paar Stiche setze. Hierbei achte ich darauf, dass ich mit dem beigefarbenen Nähgarn genau in das beigefarbene Muster des Stoffes nähe. So sind die Stiche später nicht zu sehen.

7 Fertig ist eine individuelle, schöne, leichte Katzendecke. Auch Willi, der Kater meiner Freundin Iris, liegt darauf sehr gerne.

Valentinas Infobox

Die Ober- und Unterseite der Decke fixiere ich hier nur punktuell, damit habe ich bei diesem Stoff gute Erfahrungen gemacht. Wer allerdings nicht die Gefahr eingehen möchte, dass die Stofflagen verrutschen, kann zwischen die Stoffteile ein Vlies, z. B. ein Baumwollvlies, legen. Das ist vor allem wichtig bei glatten Stoffen. Manche steppen auch die ganze Decke ab.
Ein kleiner Tipp zusätzlich: Wer mag, kann die Decke auch mit einem hübschen Schrägband einfassen.

Ein tierisches Vergnügen

Pinker Kuschelfreund

Katzen spielen nicht nur mit Stoffmäusen oder Spielangeln, sondern sie schmusen auch liebend gern. Im Fachhandel gibt's dafür sogenannte Kuschelkissen zu kaufen und dies in vielen Varianten. Aber wer gerne näht, kann seiner Katze ganz leicht ein eigenes Kissen herstellen. Ich nenne mein Kissen Kuschelfreund, da das Motiv eine Katze darstellt. Durch den Fleecestoff und das Füllmaterial ist es ein wirklich sehr weiches Kissen, an dem Schnittchen & Co. immer sehr gerne ihre Nase reiben und dabei kräftig schnurren.

Materialien

- Fleecestoff in Pink, ca. 14 cm x 34 cm*
- Fleecestoffrest in Hellblau
- Garn in Schwarz und Beige
- Füllwatte
- Katzenminze-Öl

*Filz ist eine gute Alternative.

Vorlage
Seite 118

1 Die Maße sind etwa 11,5 cm x 12 cm ohne Ohren. Aus dem pinkfarbenen Fleecestoff schneide ich zwei gleich große Katzenköpfe aus (siehe Vorlage auf Seite 118). Aus dem hellblauen Fleecestoff schneide ich zwei kleine Kreise als Augen aus und ein kleines Dreieck für die Schnauze.

2 Die Augen und die Schnauze nähe ich als erstes rechtsseitig auf ein Stoffteil des Katzenkopfes auf. Hierbei verwende ich übrigens zwei verschiedene Nähgarne: Oberfaden in Schwarz, Unterfaden in Beige. So wirkt der Gesichtsausdruck der Katze plastischer. Für das Annähen der Augen- und Mundpartie benütze ich an der Nähmaschine den Zickzackstich.

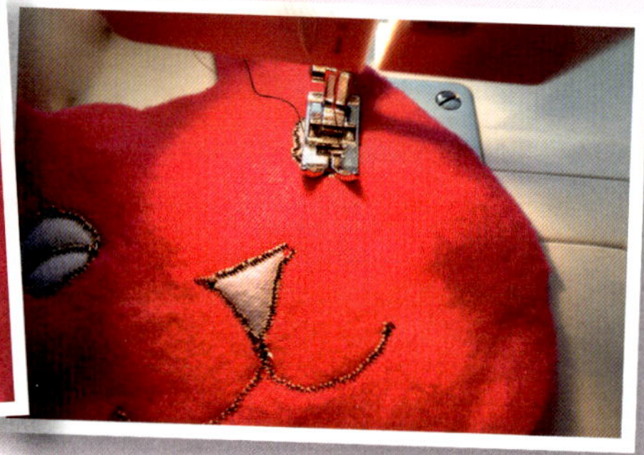

Valentinas Infobox

Nicht nur die weichen Materialien ergeben ein echtes Katzen-Kuschelkissen, sondern auch die Behandlung. Das Kissen kann mit einem Öl bearbeitet werden, das aus der Pflanze Katzenminze gewonnen wird und welches im Zoofachhandel erhältlich ist. Dieses hat auf Katzen eine euphorisierende Wirkung, vergleichbar mit einem Rausch. Daher bitte nicht jeden Tag Minze auf das Kissen träufeln, sondern höchstens einmal die Woche! Ansonsten könnte die Katze süchtig werden.

Es gibt übrigens auch getrocknete Katzenminze zu kaufen, die als Füllmaterial verwendet werden kann. Doch auch hier könnte die Dosis zu hoch werden. In diesem Fall sollte der Katzenbesitzer dem Stubentiger immer nur für eine begrenzte Zeit das Kissen zum Kuscheln überlassen.

Schnittchens Tipp

Die Katzenminze wirkt nicht bei jeder Katze! Junge Katzen und Senior-Katzen zeigen kein so großes Interesse an dieser Minze. Und nur bei jeder zweiten wirkt dieses Kraut euphorisierend, diese Reaktion ist genetisch bedingt. Für mich riecht es echt super lecker und ich bin froh, dass ich dieses Gen in mir trage. Schnurr!

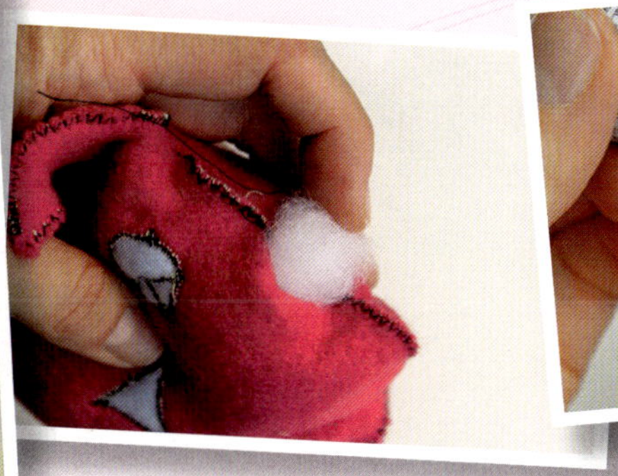

3 Ist das Katzengesicht fertig, lege ich die pinkfarbenen Fleeceteile links auf links und nähe sie am Rand mit dem Zickzackstich zusammen (ebenfalls mit dem schwarzen Oberfaden und dem beigen Unterfaden). An einer Seite lasse ich eine kleine Füllöffnung, die ich sauber mit zwei Stichen vor und zurück verriegele. Ich umrande den Katzenkopf übrigens dreimal mit dem Zickzackstich, so wird das Kuschelkissen stabiler.

4 Dann fülle ich den Kopf mit Füllwatte. Zuletzt nähe ich die Füllöffnung mit der Nähmaschine zu – auch hier drei Mal.

5 Jetzt kommt das Katzenminze-Öl zum Einsatz. Ich träufele auf das Gesicht der Stoffkatze zwei bis drei Tropfen und verreibe das Öl mit dem Finger. Nun lege ich das Kissen Schnittchen vor die Füße. Es dauert keine zehn Sekunden, schon hat es die Katzendame zwischen ihren Vorderpfoten, sie reibt ihren Kopf daran, sie leckt es, und irgendwie sieht es aus, als ob sich die zwei Katzenköpfe küssen. Kuscheln à la Schnittchen: ein tierisches Vergnügen!

Wie neu

Schicker Glitzernapf

Katzen bekommen von Frauchen und Herrchen in der Wohnung – meist in der Küche – ein schönes Plätzchen bereitgestellt, wo Futternapf und Wasserschälchen hingestellt werden. Darunter noch eine schöne Unterlage, falls beim Fressen etwas daneben geht. Das passiert ja meistens, denn Katzen holen sich gerne das Futter aus dem Napf und legen es erst einmal daneben und fressen es dann in Ruhe auf. Im Laufe der Jahre werden diese Sachen oft unansehnlich. Wer sich von seinen alten Keramikschälchen nicht trennen möchte, kann sie jedoch aufpeppen! Hier mein Tipp, wie Sie es in Ihrer Küche glitzern lassen. Geht recht fix und hat eine wunderschöne Wirkung: Der Napf wird zum Highlight in der Küche.

Materialien

- Schlichter Futter- oder Wassernapf
- Klebbare Strasssteine oder Halbperlen
- Strassstein-Applikator*
- Buntstift

*Strassstein-Applikatoren sind im Bastelgeschäft erhältlich und selbstverständlich auch die passenden Steine dazu.

1 Der Napf muss trocken und sauber sein. Ich überlege mir zuerst, welches Muster oder welches Bild ich auf dem Napf haben möchte. Mit einem Stift zeichne ich das Muster vor.

2 Dann stecke ich den Applikator in die Steckdose und lege ihn auf den Ablageständer. Ich warte mindestens drei bis fünf Minuten, bis er richtig heiß ist.

3 Die Strasssteine, die ich benütze, sind auf der Rückseite mit einem Thermoaufkleber beschichtet. Ich platziere sie nun auf den Napf und setze den Applikator von oben über den Stein und drücke ihn ca. zehn Sekunden fest. Der Kleber verflüssigt sich und der Stein wird so auf den Napf appliziert. Bitte immer vorsichtig sein, denn der Applikator ist sehr heiß. Ihn niemals unbeaufsichtigt liegen lassen!

4 Wenn alle Glitzersteine auf dem Napf sind, warte ich noch zehn Minuten, um ihn auskühlen zu lassen, und kann den Napf dann mit leckeren Dingen füllen.

Valentinas Infobox

Mit solch einem Strassstein-Applikator können keine Plastikfutternäpfe verziert werden! Denn der Applikator erreicht eine sehr hohe Temperatur und so kann das Material bzw. die Oberfläche schmelzen. Also bitte nur Näpfe aus Keramik oder Glas nehmen. Wer Strasssteine einfach mit doppelseitigem Kleber anbringen möchte, also ohne heißen Applikator, wird keine lange Freude haben. Denn solch ein Kleber ist auf Dauer nicht wasserfest. Beim Waschen werden die Glitzersteine schnell wieder verschwinden.

Richtig putzig

Praktische Napfunterlage

Wer Katzen beim Fressen beobachtet, stellt fest, dass sie nicht ganz brav ihr Futter direkt über ihrem Napf verspeisen, sondern das Futter erst einmal neben den Napf legen oder gar ein Stück wegtragen, um es dann dort genüsslich zu sich zu nehmen. Im Laufe der Zeit kann dies bei edlen Bodenbelägen natürlich zu unerwünschten Flecken kommen. Zur Lösung des Problems schlage ich also eine einfache, wundervolle Napfunterlage vor. Die ist superpraktisch, weil sie ganz einfach mit einem feuchten Tuch zu reinigen ist und zudem hübsch dekorativ aussieht. Ich biete hier einen Fisch aus Wachstuch an, denkbar ist selbstverständlich jedes andere Motiv.

Materialien

- Wachstuch in Blau-Weiß gestreift*, 50 cm x 30 cm
- Schrägband in Orange-Weiß kariert, 175 cm lang
- Nylongarn in Transparent

*Das Wachstuch sollte wasserabweisend und aus 100 % Polyestervlies sein.

Vorlage Seite 119

Schnittchens Tipp

Wichtig noch zum Thema Futterstelle: Bitte die Futter- und Wassernäpfe bzw. Schalen immer an einen ruhigen Ort stellen. Wir Katzen brauchen Entspannung beim Fressen. Ihr Menschen mögt es ja auch nicht gerne, wenn Ihr beim Speisen irgendwo im Flur stehen müsst. Ihr setzt Euch gerne geschmeidig an den Tisch und verzehrt am liebsten in Ruhe Euer Schnitzel oder Euren Salat. Und bitte stellt uns die Futterschalen auch nicht in die Nähe unserer Katzentoiletten. Wir sind sehr geruchsempfindlich und wie bereits gesagt: Ihr wollt ja auch nicht gerne direkt neben der Toilette ...

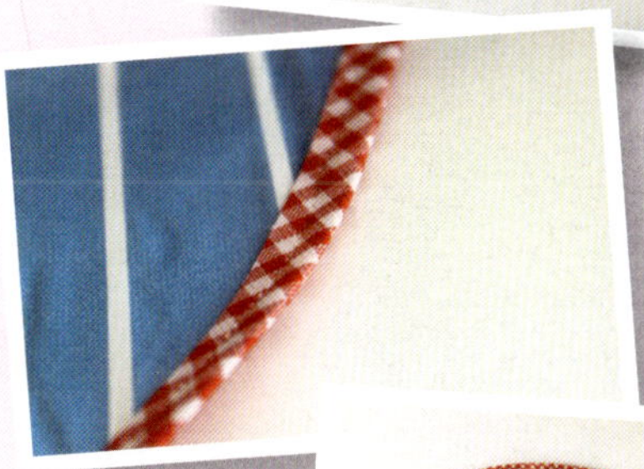

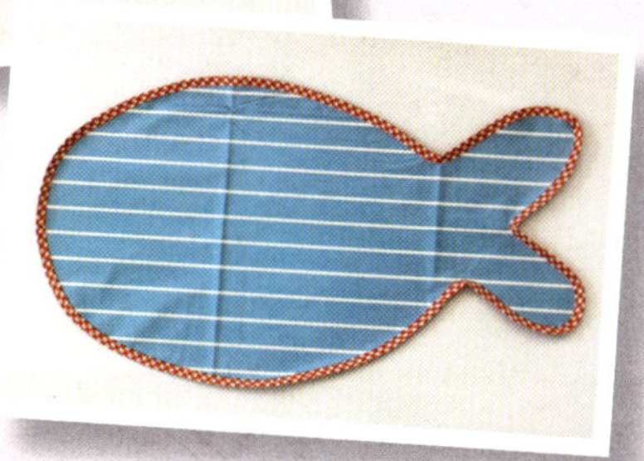

1 Am Ende des Buches auf Seite 119 ist das Schnittmuster zu finden. Ich habe bei diesem Fisch übrigens gar kein neues Wachstuch gekauft (das es im Nähgeschäft als Meterware gibt), sondern habe eine alte ausgemusterte Wachstuchtischdecke dafür genommen. Aus der Decke schneide ich also das Fischmuster aus.

2 Ganz theoretisch würde dies schon als Unterlage genügen, denn die Ränder solch eines Wachstuchs fransen nicht sehr schnell aus. Jedoch ist der Fisch so noch ein wenig zu langweilig. Aus diesem Grund nehme ich ein farbig-schönes Schrägband und nähe es am Rand komplett ringsherum an.

3 Das Schrägband hat den Vorteil, dass es sich sehr einfach auch in Kurven legen lässt. Doch Vorsicht: An den besonders engen Kanten, wie z. B. hinten an der Flosse, bitte ganz langsam nähen und währenddessen immer das Schrägband mit den Fingern etwas andrücken, sodass während des Nähens keine Falten im Wachstuch entstehen. Zu Beginn und am Ende die Naht sauber verriegeln, fertig ist eine individuelle Fisch-Napfunterlage. Viel Spaß beim Füttern!

Valentinas Infobox

Für die Naht nehme ich hier gerne transparenten Nylonfaden. Somit fällt zum einen die Naht nicht auf, gerade weil das Wachstuch und das Schrägband bereits gemustert sind, zum anderen lässt sich solch ein Nylonfaden auch prima abwischen, falls das Futter mal daraufkleckern sollte. Ein weißer Faden beispielsweise würde mit der Zeit recht schmutzig aussehen. Das Schrägband besteht aus Baumwolle und lässt sich ganz gut mit Spülmittel reinigen. Und übrigens: Die Falten der Wachstuchtischdecke, die einst vom Zusammenlegen der Decke entstanden sind, geben sich mit der Zeit. Also bitte nicht versuchen, solch ein Wachstuch zu bügeln!

Auf Wolken gebettet

Kissen für die Transportbox

Reine Wohnungskatzen verlassen spätestens beim ersten Tierarztbesuch auch einmal die Wohnung. Dann begibt sich der Stubentiger auf eine abenteuerliche, für ihn ungewohnte Reise. Für viele Katzen absoluter Stress. Aus diesem Grund ist es wichtig, Katzen zu Beginn an ein Transportbehältnis zu gewöhnen. Dabei sollte es sich nicht um ein schlichtes Körbchen handeln, sondern um eine Box, die fest verschließbar ist. Denn wenn die Katze auf der Fahrt Panik bekommt, darf keine Fluchtgefahr bestehen. Ich rate immer, diese Transportbox in der Wohnung als ständiges Wohnaccessoire stehen zu lassen. Für die Katze sollte es selbstverständlich sein, in diese Box zu gehen, dort zu schlafen, dort ggf. auch zu spielen. Schließlich mögen Katzen höhlenartige Behausungen. Schlimm ist, wenn solch eine Box nur bei Tierarztbesuchen aus dem Keller geholt wird und die Katze hineingezwungen wird. Das ist pures Adrenalin für den kleinen Tiger! Also bitte solche Boxen der Katze schmackhaft machen. Am besten direkt mit einem schönen, kuscheligen Kissen. Passgenau, damit die Katze sich darin rundherum wohlfühlt.

Materialien

- Fleecestoff, ca. 110 cm x 40 cm
- Stück Klettverschluss, ca. 15 cm lang
- Füllwatte (waschbar)

Valentinas Infobox

Den Klettverschluss habe ich eingebaut, damit ich nach gewisser Zeit problemlos wieder Innenmaterial nachfüllen kann. Klettverschluss ist aber nicht unbedingt nötig. Wer will, kann nach dem Befüllen das Kissen auch direkt verschließen, per Hand mithilfe der sogenannten Zaubernaht. Dabei verschließe ich das Stück mit einer Nähnadel per Hand, ziehe den Faden an und ruck zuck verschwindet der gerade noch sichtbare Nähfaden im Inneren.

1 Den Fleecestoff nehme ich doppelt und schneide ein abgerundetes Viereck aus, für eine viereckige Transportbox in den Maßen ca. 50 cm x 35 cm plus Nahtzugabe.

2 Bevor ich die Stoffteile zusammenfüge, nähe ich an den kurzen Seiten jeweils auf links mittig den Klettverschluss auf. Dabei achte ich darauf, dass die Stoffkante nach innen zum Klettverschluss eingeschlagen wird, damit später das Kissen von außen trotz der Öffnung abgerundet ist.

Valentinas Infobox

Ganz wichtig ist, dass Katzen im Auto gut gesichert sind! Und bitte die Transportbox nicht lose in den Kofferraum oder auf die Rücksitzbank stellen, sondern auf jeden Fall anschnallen oder mit Gurten sichern. Ansonsten kann es zu furchtbaren Unfällen kommen, denn so eine Box fliegt bei einem Auffahrunfall wie ein Geschoss nach vorne. Für Katze und Mensch lebensgefährlich! Zusätzlich beachten: Die Katze langsam ans Autofahren gewöhnen, die erste Fahrt kann zu fürchterlichem Stress führen. Dem Tier bitte auch unmittelbar vor der Fahrt nichts zu Fressen oder Trinken geben, Spuckgefahr!

Schnittchens Tipp

Falls selbst das kuschelige Kissen meine Kumpel nicht in die Transportbox lockt, helfen meist Leckerchen. Hierzu einfach täglich zwei bis drei Mal Futter in der Box anbieten. Irgendwann gehen wir rein, zum einen weil wir neugierig sind, aber vor allem weil wir Hunger haben. Wir Katzen gewöhnen uns nur langsam an neue Sachen. Also lasst uns Zeit!

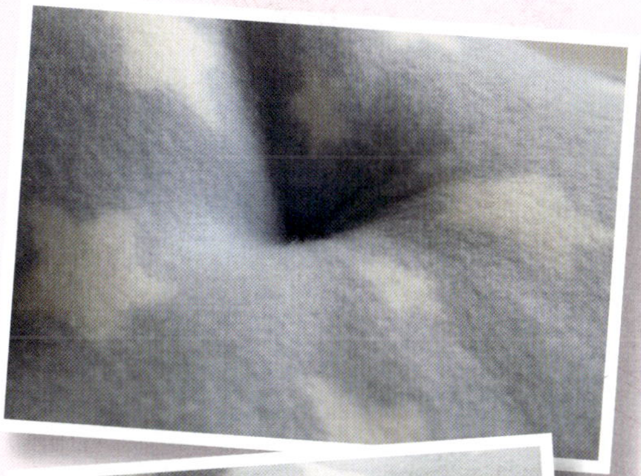

3 Nun lege ich die Stoffseiten rechts auf rechts und nähe sie mit dem Geradstich zusammen. Die kurze Seite, an der die Klettverschlüsse aufgenäht sind, benütze ich als Wendeöffnung, durch die ich das Kissen umkehre.

4 Ich markiere mir mit einem Stift sechs Punkte auf dem Stoff, im gleichen Abstand nebeneinander, jeweils dreimal zwei Punkte parallel zueinander. Mit der Nähmaschine steppe ich diese Punkte ab, ich verriegele also das Garn auf diesen Stellen, indem ich vor und zurück nähe, sodass die Naht sehr punktuell gesetzt wird. Das mache ich bei allen sechs Punkten.

5 Nun fehlt nur noch die Füllung. Da die Box recht unbequem ist, sollte die Katze gut gepolstert sitzen, also etwas erhöht. Deswegen befülle ich das Kissen mit besonders viel Material. Durch das punktuelle Absteppen sieht das Kissen nun einer Luftmatratze ähnlich. Der Fleecestoff ist mollig weich und Schnittchen fühlt sich wie auf Wolken gebettet. So gelingt der stressfreie Tierarztbesuch.

Tagediebe – Katzenliebe

Fesches Halsband

Katzen, die in einer Wohnung leben und auch nach draußen dürfen, bekommen oftmals von ihren Besitzern ein Halsband angezogen. Halsbänder jedoch sind recht umstritten, denn sie sind nicht dafür da, daran eine Leine zu befestigen. Sie werden verwendet, damit andere wissen, dass die Katze jemandem gehört. Mit einem Halsband ist dies schon von Weitem zu erkennen. Irgendwelche Tätowierungen oder Mikrochips, die Katzen zur Registrierung tragen, sind ja auf Anhieb nicht zu sehen. Umstritten sind die Bänder vor allem, weil Katzen bei ihren Freigängen damit hängen bleiben und sich strangulieren können. Doch es gibt viele Katzen, die bereits seit Jahren mit solch einem Halsschmuck durch die Büsche und Wälder streifen, ohne dass ihnen bisher irgendetwas passiert ist. Wichtig beim Katzen-Halsband ist, dass die Zugkraft auf 2,5 kg reduziert ist. Damit das Band also bei einer ruckartigen Bewegung von alleine aufgeht, sodass sich die Katze nicht selbst erwürgen kann. Und wer seiner Katze gerne mal selbst ein Halsband nähen möchte, so funktioniert's:

Materialien

- Dünner Baumwollstoff (waschbar), ca. 6 cm x 34 cm
- Katzenband-Verschluss-system* mit D-Ring

*Klickverschluss und Verstellschieber

Valentinas Infobox

Bei Bandlängen von Halsbändern und Geschirren ist es schwierig auf links zu nähen, da das Umdrehen des schmalen Stoffstreifens fast unmöglich scheint. Selbst mit den sogenannten Wendenadeln habe ich es bisher nicht geschafft, solch ein kleines schmales Band umzustülpen. Aus diesem Grund vernähe ich das Band auf rechts an den Seiten. Auf der anderen Seite setze ich parallel eine Naht, sodass die Nähte symmetrisch aussehen.

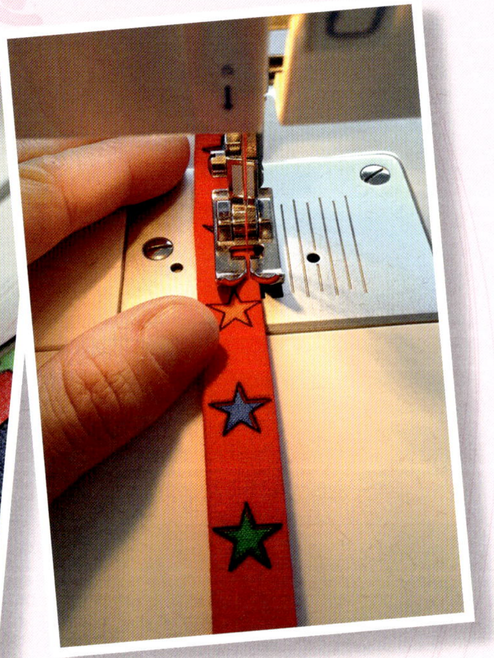

1 Erst einmal messe ich den Halsumfang der Katze, um die Länge des Bandes zu erhalten. Jeweils mindestens 2 cm an jeder Seite rechne ich dazu. Willis Halsband ist insgesamt 30 cm lang.

2 Die Breite des Halsbandes orientiert sich an der Größe des Klickverschlusses. Ich nehme die doppelte Breite, um so den Stoff einschlagen und vernähen zu können.

3 Bevor ich nähe, bügele ich den Stoff etwas an, das erleichtert den nächsten Schritt. Am Einstellrad der Nähmaschine wähle ich den Geradstich und setze symmetrisch rechts und links am Band entlang zwei Nähte.

Valentinas Infobox

Wer möchte, kann als Stoff für das selbst gemachte Katzenhalsband auch einen Reflexstoff nehmen: Damit werden die Katzen bei Dämmerung und Dunkelheit besser gesehen, wenn das Halsband durch eine externe Lichtquelle, wie z. B. Autoscheinwerfer, angestrahlt wird. Hierbei werden auf dem Stoff die Lichtstrahlen eng gebündelt und zur Beleuchtungsquelle zurück gestrahlt. Manch einer Katze ist so schon das Leben gerettet worden, als sie die Strasse überqueren wollte. Denn sie kann durch ein reflektierendes Halsband rechtzeitig von Autofahrern und anderen Straßenteilnehmern wahrgenommen werden.

Schnittchens Tipp

An Katzenhalsbändern wird üblicherweise ein Glöckchen angehängt. Nicht zur Zierde, sondern aus zwei bestimmten Gründen: Zum einen hört der Besitzer damit schon von Weitem, wo seine Katze sich befindet, wenn das Glöckchen bimmelt. Zum anderen als sogenannter Vogelschutz! Denn wenn sich eine Katze an einen Vogel anpirscht, wird der Piepmatz dank des Glöckchens gewarnt und kann sich schnell genug von dannen machen. Doch wir Katzen wissen genau, wie wir uns am besten – auch mit Glöckchen – an den Vogel wagen. Außerdem erwischen wir meist nur kranke oder ganz junge Tiere. Vögel sind nämlich verdammt schnell. Folglich ist so eine Glocke zwecklos. Hinzu kommt, dass sie total nervt. Bei jedem Schritt dauernd dieses Läuten im Ohr. Schrecklich! Also bitte kein Glöckchen anbringen. Danke!

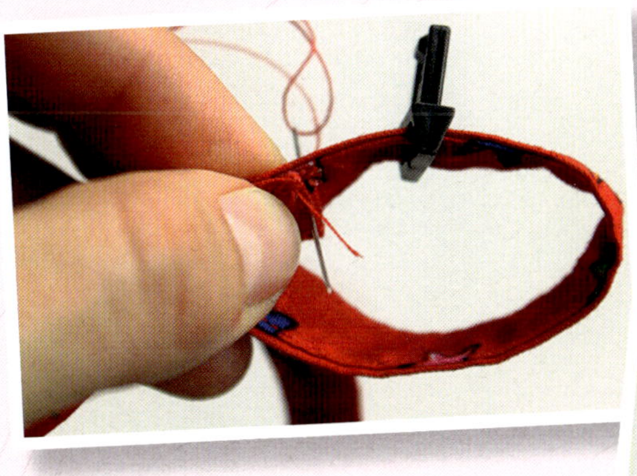

4 Die Enden des Bandes schlage ich jeweils ein. Durch die zwei Nähte endet das Band säuberlich. An der einen Seite des Bandes befestige ich dann den ersten Teil des Klickverschlusses, so ist es noch möglich, das Band in seiner Länge zu variieren, falls die Katze mal ein paar Gramm zu- oder abnimmt. Dazu füge ich noch den Verstellschieber hinzu.

5 An der anderen Seite führe ich das Band erst durch den D-Ring und dann durch den zweiten Teil des Klickverschlusses. Nun nur noch das Ende des Bandes einschlagen und annähen – entweder mit der Nähmaschine oder mit der Hand. Fertig ist ein schönes, einfaches Katzenhalsband.

Statt Pulli

Verstecksack

Katzen verstecken sich unheimlich gerne in Taschen, in Körben, sogar in herumliegenden Pullis. Mein Vater hatte immer seinen schönen warmen Winter-Schurwollpulli auf dem Sofa liegen. Es dauerte nicht lange, bis sich darin eine unserer 24 Katzen verkrochen und versteckt hatte. Wir mussten stets aufpassen, dass sich niemand auf den Pulli setzte. Denn vom Kätzlein war nichts zu sehen, noch nicht einmal der Schwanz guckte hervor. Also dachte ich irgendwann: Katzen lieben solche höhlenartige Bauten und ich möchte gerne mal eine spezielle Versteckmöglichkeit für Schnittchen herstellen. So kam ich auf die Idee des Versteckkackes. Ganz schnell genäht und er hat eine tolle Wirkung.

Materialien

- Fleecestoff, 100 cm x 80 cm
- Baumwollstoff, 15 cm x 15 cm
- Dicker Draht, ø 28 cm, ca. 25 cm lang

Vorlage Seite 115

1 Die Länge des Sackes ist später 80 cm. Zunächst übertrage ich die Pfote von Seite 115 auf den Baumwollstoff und schneide sie aus. Ich platziere sie auf der rechten Seite des Fleecestoffes und fixiere sie mit Stecknadeln.

2 Nun nähe ich den Ballen und die Tatzenteile jeweils mit dem Zickzackstich der Nähmaschine an. Ich verdoppele die Naht, so sieht die Pfote schön plastisch aus.

3 Ich schlage den Fleecestoff mittig rechts auf rechts und nähe die untere Kante zu.

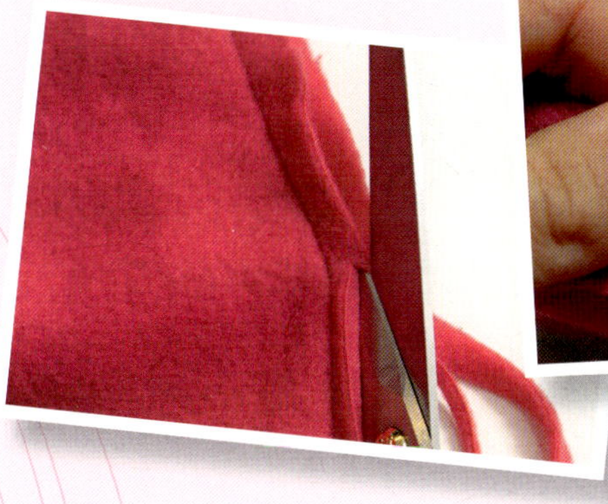

4 Als nächstes schlage ich oben den Rand ein und nähe mit der Maschine einen Tunnel, durch ihn wird später das Stück Draht geschoben. Überstehenden Stoff schneide ich mit der Schere ab.

5 Bevor der Draht ins Spiel kommt, nähe ich die Längsseite zu, lasse aber eine Öffnung, durch die ich nun den Draht einfädele. Dann nähe ich den Stoffrand per Hand zu.

6 Zum Schluss den Sack noch wenden und mit ein paar Leckerchen bestücken. Kurze Zeit später hängt schon der Katzenkopf im Sack. Alles wird genau beschnuppert. Na dann viel Spaß beim Verstecken und Schlummern!

Schnittchens Tipp

Der Versteckssack ist eine super Idee, dessen Prinzip sich leicht auf andere Sachen übertragen lässt: Wie Kinder verstecken wir uns auch gerne in Kartons. Daher nicht immer gleich die Pappschachteln in den Müll geben, wenn die Post da war. Auch knisterndes Verpackungsmaterial finden wir super spannend. Nur bitte keine Plastiktüten herumliegen lassen. Bei denen sind wir natürlich auch neugierig, doch manch ein Kumpel von mir ist darin schon erstickt, weil wir uns daraus schwer selbst befreien können. Ansonsten gilt: Lasst uns alles erkunden, wir wollen täglich unsere Neugierde und unseren Spieltrieb ausleben.

Für jeden Tag

Fensterbankkissen mit Dinkelfüllung

Auf Seite 80 stelle ich eine Katzenschlafdecke vor, die entweder auf das Sofa gelegt wird oder auch direkt ans Fenster, sodass die Katze von dort aus alles bequem draußen beobachten kann. Wer aber für seine Fensterbank ein maßgeschneidertes Katzenkissen haben möchte, wird hier fündig. Solch ein Katzenplätzchen in genauer Passform sieht nicht nur wunderschön aus, sondern Ihre Katze wird es lieben! Denn es ist mit Dinkel gefüllt. Schließlich soll sich die Katze ja wohlfühlen: rundherum und jeden Tag!

Materialien

- Fellimitat in Giraffenoptik, ca. 90 cm x 50 cm
- Fleecestoff in Pink, 10 cm x 12 cm
- 3 Druckknöpfe in Herzform
- Baumwollstoff, 80 cm x 40 cm
- 2 kg Dinkelkörner in Bio-Qualität
- Baumwollgarn
- ggf. Klettverschluss, klebbar

Vorlage
Seite 118

Valentinas Infobox

Die Dinkelkornkissen können im Backofen oder in der Mikrowelle erwärmt werden und geben so eine besonders intensive Wärme mit Tiefenwirkung ab: Geeignet vor allem für ältere und gelenkkranke Tiere, also zur Schmerzlinderung bei Verspannungsschmerzen oder auch zum Lösen von Muskelverhärtungen. Im Übrigen kann solch ein Kissen auch als Kältekissen verwendet werden: Ab damit ins Tiefkühlfach für etwa eine Stunde. Dort entfaltet die Dinkelkornfüllung eine ausgezeichnete Kältespeicherung. Angewendet wird so ein Kältekissen dann z. B. zur Schmerzlinderung bei Verstauchungen und Prellungen, bei Überhitzung, zum Abbau von Schwellungen oder auch bei Juckreiz. Aber auch topgesunde Katzen lieben solch ein Kissen. Gerade angewärmte Schlafplätze sind etwas Herrliches für die Schnurrtiger. Wenn sie nicht gerade in der Nähe einer Heizung oder in der Sonne dösen, werden sie super gerne auf dem Dinkelkissen schlummern. Das Kissen eignet sich übrigens auch wunderbar als Kälte- oder Wärmekissen für Menschen. Die hier angegebene Länge passt perfekt, um sich das Kissen in den Nacken zu legen.

1 Mein Kissen hat die Länge 80 cm, die Breite 20 cm und die Höhe ca. 3,5 cm. Bitte aber zuerst die Fensterbank ausmessen, so kann wirklich passgenau ein Kissen hergestellt werden. Ich lege den Fellimitat-Stoff doppellagig und schneide ihn nach den entsprechenden Maßen zu. Zusätzlich schneide ich aus dem pinkfarbenen Fleecestoff eine kleine Herzform nach der Vorlage von Seite 118 aus.

2 Dieses Herzchen wird als farblicher Blickfang auf dem Kissen appliziert. Ich platziere es auf die rechte Seite des Fellimitat-Stoffes und nähe es mit engen Zickzackstichen an. Dafür nehme ich schwarzes Garn. Wer möchte, kann natürlich auch buntes Garn nehmen, dann würde das Herz noch mehr auffallen.

3 Nun lege ich die Kissen-Stoffteile rechts auf rechts aufeinander und nähe sie mit dem Geradstich an drei Seiten zusammen. Eine kurze Seite lasse ich komplett offen, dies wird zur Öffnung des Kissens. Hier versäubere ich den Rand, indem ich den Rand einschlage und absteppe. Bevor ich das Kissen wende, schneide ich den Stoffüberhang vorsichtig zurück und achte darauf, dass dabei die Naht nicht verletzt wird.

4 Nun drehe ich das Kissen auf rechts und verziere noch die Öffnung mit den Druckknöpfen. Klar könnte ich hier auch einen Reißverschluss oder einen einfachen Klettverschluss anbringen, aber ich finde die Druckknöpfe super praktisch, da sie sich prima in der Maschine waschen lassen und es bleiben daran auch keine Katzenhaare hängen. Im Handel gibt es zig unterschiedliche Druckknopfformen zu kaufen, ich habe mich für ein paar rosafarbene Herz-Knöpfe entschieden. Mit der dazu passenden, speziellen Druckknopf-Zange befestige ich drei Stück an der Kissenöffnung. Und schon ist die Kissenhülle fertig.

Schnittchens Tipp

Wir Katzen springen meist vom Boden – oder vom Schrank aus – auf die Fensterbank. Das geschieht oftmals mit einer ganz schönen Wucht. Das Dinkelkissen ist zwar durch sein Gewicht recht schwer, aber dennoch kann es sich mit der Zeit verschieben. Mit einem klebbaren Klettband kann das Kissen fixiert werden und bei Bedarf ist es auch wieder ruck zuck zu entfernen. Zwei oder drei kleine Streifen reichen. So liegt das Kissen schön fest auf der Fensterbank und wir Katzen müssen keine Bedenken haben, dass es bei einem Sprung verrutscht und wir uns womöglich dabei verletzen könnten.

5 Nun fehlt nur noch das Innenkissen. Wichtig hierbei ist, dass nicht nur der Stoff aus Baumwolle besteht, sondern auch das Nähgarn! Denn das Kissen sollte ja ab und an in den Backofen, und ein Nylonfaden könnte hier schmelzen! Das Innenkissen ist etwas kleiner als die Außenhülle, auch hier lege ich die Stoffteile rechts auf rechts und nähe sie bis auf eine kleine Wendeöffnung am Rand zusammen. Bitte darauf achten, dass die Naht ganz sauber und eng genäht ist, sodass später keine Körner nach außen dringen können.

6 Nach dem Wenden fülle ich die Dinkelkörner ein. Hierfür kann ich einen Trichter nehmen oder einfach einen Löffel, um das Kissen zu befüllen. Ich habe auch schon Kissenhüllen mit mehreren Kammern genäht, sodass die Körner alle gleichmäßig verteilt sind. Das ist aber Geschmackssache. Mit der Hand lassen sich die Körner auf der Fensterbank problemlos hin und her schieben. Wenn alle Körner in der Innenhülle sind, nähe ich die Wendeöffnung per Hand zu.

7 Zum Schluss erwärme ich das Baumwoll-Körnerkissen, schiebe es danach in die hübsche Aussenhülle und schließe die Druckknöpfe. Dann ab damit auf die Fensterbank und jetzt ist Schnurren angesagt, mit Blick nach draußen! Miaaaaau.

Tipps zur Anwendung:

Wärmekissen können unterschiedlich aufgeheizt werden:

Im Backofen bei max. 150° das Kissen ca. zwölf Minuten erwärmen. Damit die Kissenfüllung nicht zu trocken wird, einfach eine Tasse mit Leitungswasser mit in den Backofen stellen.

In der Mikrowelle bei ca. 600 Watt (auf der mittleren Stufe) das Körnerkissen ungefähr eine Minute erwärmen. Wer es wärmer mag: Das Kissen gut durchschütteln und in Abständen von 15 Sekunden weiter erwärmen, bis die gewünschte Temperatur erreicht ist.

Auf der Heizung kann das Kissen erwärmt werden, wenn es nicht zu heiß sein soll.

Übrigens: Bei Schlafkissen für Menschen wird als Füllung meist Dinkelpelz verwendet, für Wärme- und Kältekissen die ganzen Dinkelkörner.

Rundumerneuerung

Glitzerhalsband

Materialien

- Altes Katzenhalsband
- Klebbare Strasssteine oder Halbperlen
- Strassstein-Applikator*
- Buntstift
- Lineal

* Strassstein-Applikatoren sind im Bastelgeschäft erhältlich, dazu auch die passenden Steine.

Seit Jahren immer das gleiche rote Halsband. Wie langweilig! Aber extra ein neues kaufen? Das muss nicht sein und die Katze möchte sich vielleicht auch nicht an ein neues Band gewöhnen. Also das alte Halsband aufpeppen! Ich habe eine schicke Idee: Einfach schöne Glitzersteine applizieren und jede Katze wird zur Diva!

1 Das Halsband muss trocken sein. Ich nehme das Lineal und den Stift und markiere in gleichmäßigem Abstand kleine Punkte auf das Band.

2 Dann stecke ich den Applikator in die Steckdose und lege ihn auf den dazugehörigen Ablageständer. Ich warte drei bis fünf Minuten, damit er richtig heiß ist.

3 Die Strasssteine, die ich benütze, sind auf der Rückseite mit einem Thermoaufkleber beschichtet. Ich platziere nun jeweils einen Stein auf dem markierten Punkt und setze den Applikator von oben aus über den Stein und drücke ihn etwa 20 Sekunden fest. Der Kleber verflüssigt sich und der Stein wird auf das Halsband appliziert.

4 Bitte immer vorsichtig sein, denn der Applikator ist sehr heiß. Ihn niemals unbeaufsichtigt liegen lassen! Wenn alle Glitzersteine auf dem Band sind, warte ich noch zehn Minuten. Dann erst ziehe ich Willi das Band an. – Na, sieht der Kater nicht hübsch damit aus? Selbst Männchen steht Strass doch ausgesprochen gut.

Register

Vorlagen

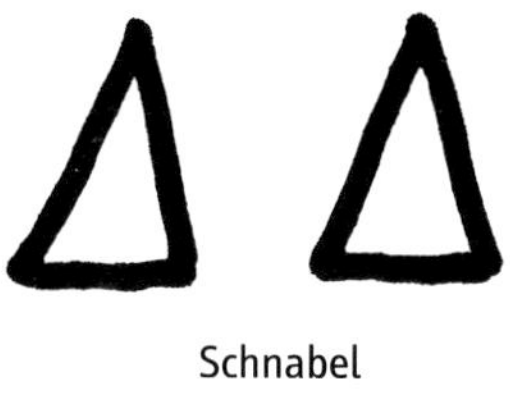

Dynamische Spielangel
Seite 15

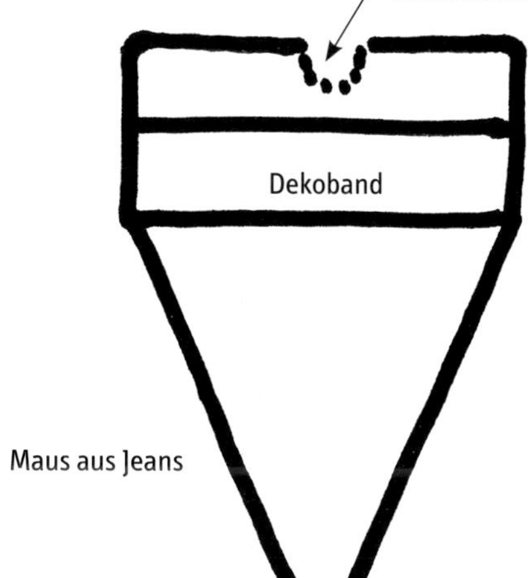

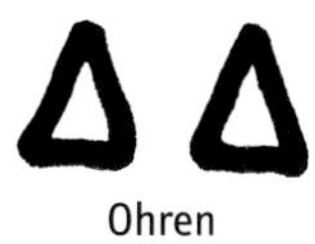

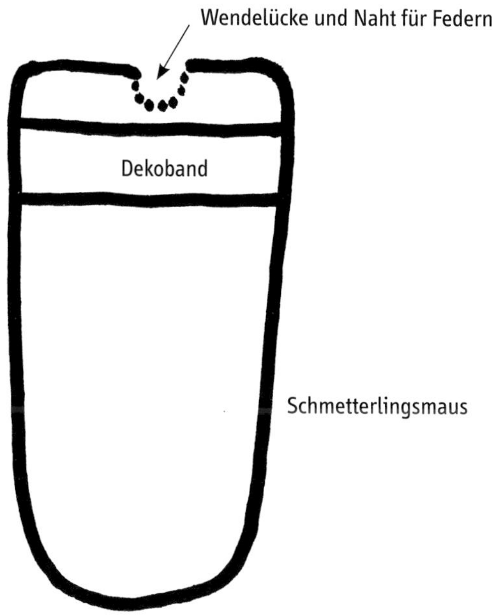

Bunte Spielmäuse
ab Seite 10

Knisterfischspieldecke
Seite 24

Spielball mit Glöckchen
Seite 40

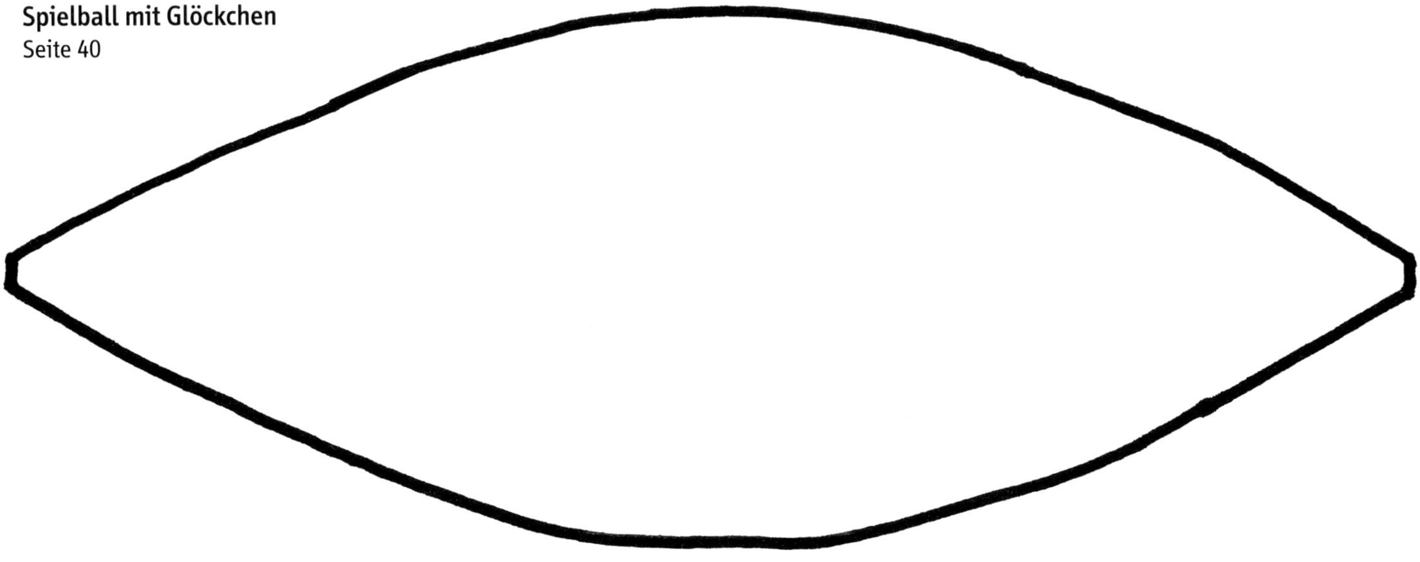

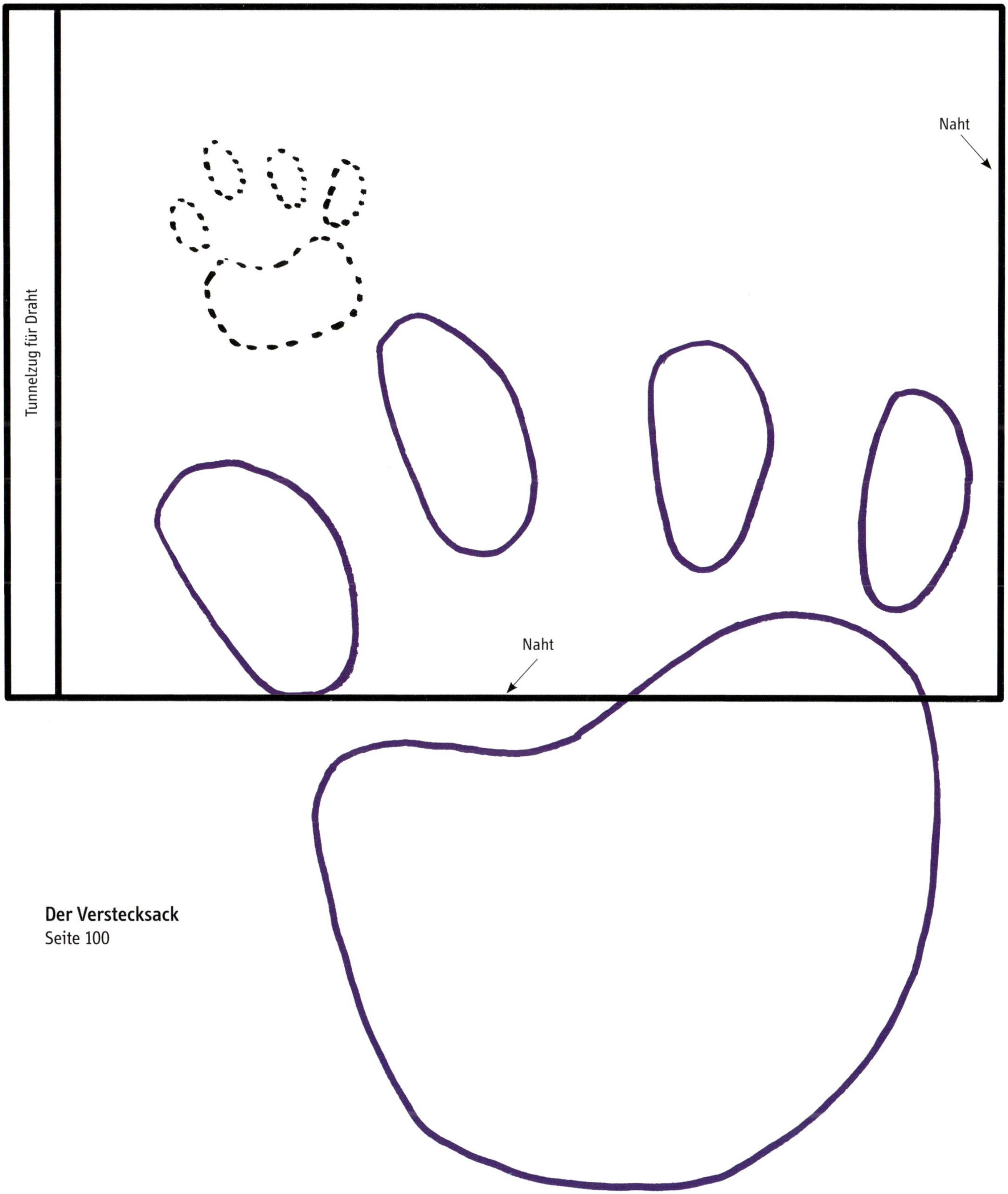

Der Verstecksack

Seite 100

Extravaganter Spielzeugbeutel
Seite 44

Flauschiges Liegekissen
Seite 76

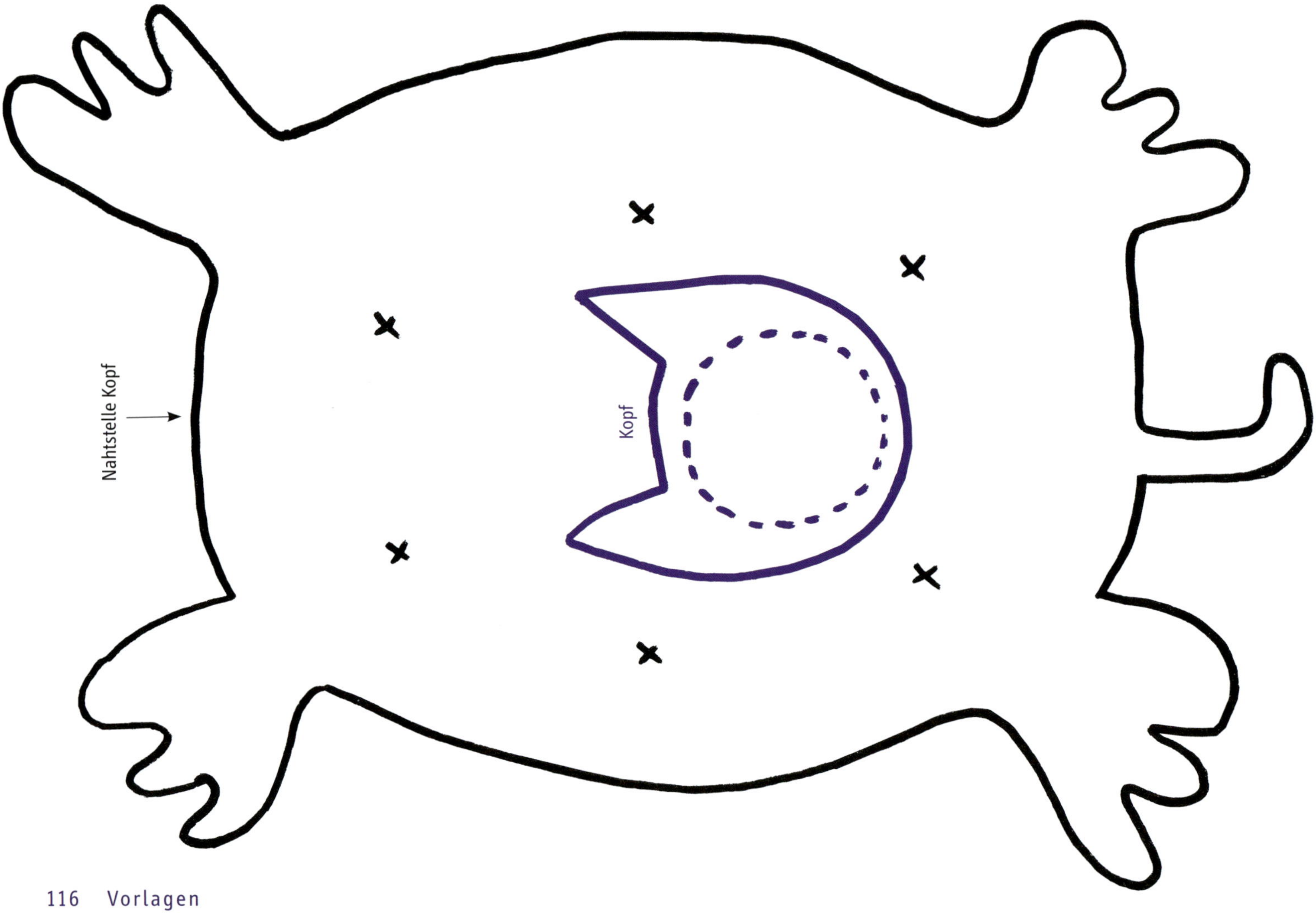

Fellige Katzendecke
Seite 80

Kratzbaum mit Extras
Seite 34

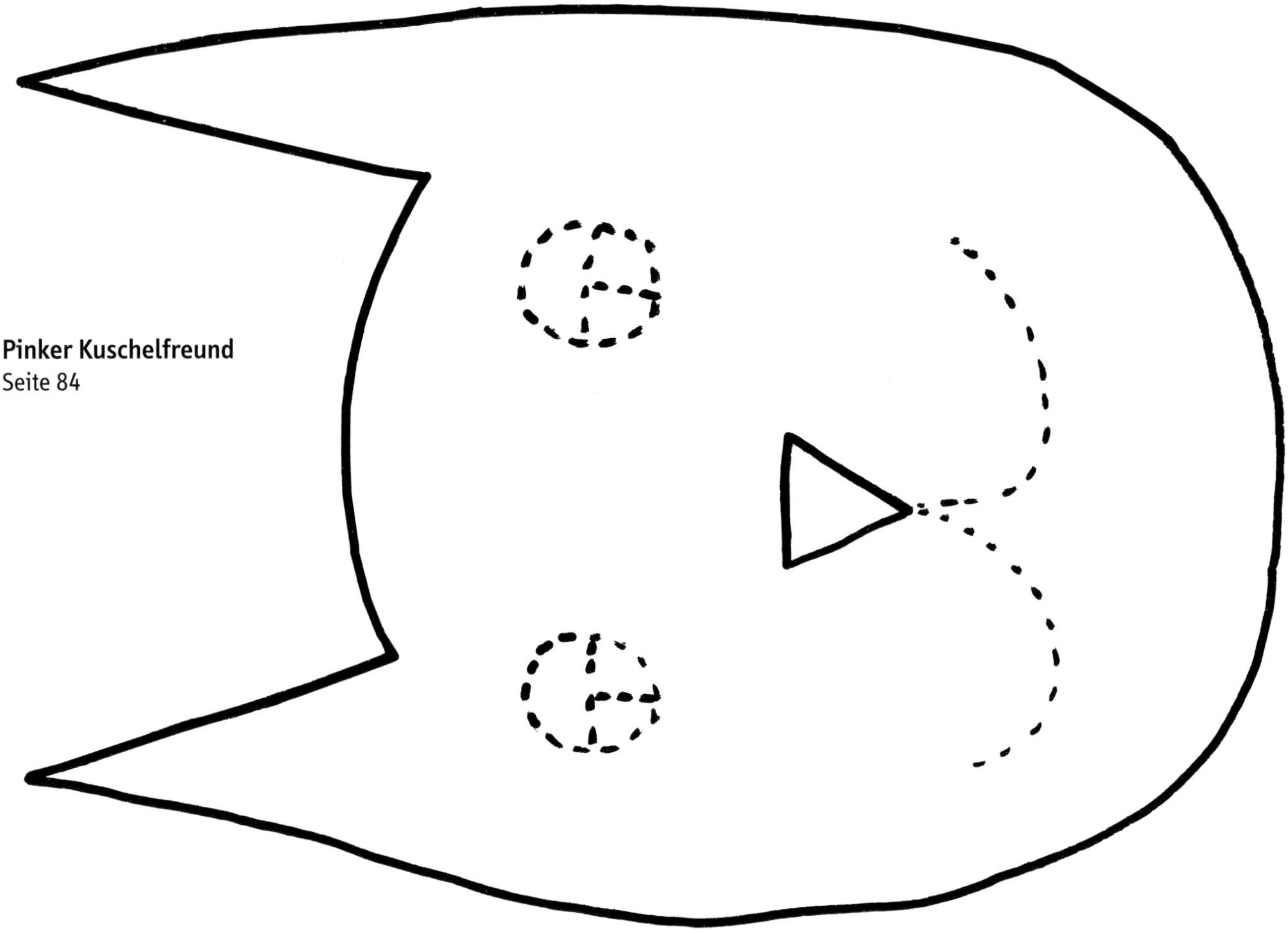

Pinker Kuschelfreund
Seite 84

Fensterbankkissen mit Dinkelfüllung
Seite 105

Praktische Napfunterlage
Seite 90

Danke!

Ich möchte mich ganz herzlich bei der wundervollen Katzendame Schnittchen bedanken. Ohne sie hätte ich nicht so viele Dinge ausprobieren können. Vor allem ist sie auch ein super Foto-Model, die bei all meinen Shootings ganz interessiert mitgemacht hat. Im gleichen Atemzug möchte ich Schnittchens Frauchen danken: Meiner Freundin Katja. Dr. Katja Beyer ist Tierärztin in Düsseldorf und hat stets mit Adleraugen all meine selbst gemachten Katzenaccessoires und Futtersorten beobachtet und kontrolliert. Vielen Dank dafür! Auch Willi und Maja, den Katzen meiner Kollegin Iris Toussaint, möchte ich herzlich danken. Ebenfalls der „Katzenhilfe Stuttgart e. V.", die so wunderschöne Kitten für das Fotoshooting organisiert hat. Mein besonderer Dank gilt meiner lieben Mutter, ohne die ich dieses Buchprojekt nicht geschafft hätte. Danke Euch allen!

Valentina Kurscheid

Valentina Kurscheid ist Fernsehredakteurin, Fotografin und Buchautorin. 1970 wurde sie in Tübingen geboren. Sie ist verheiratet und lebt mit Mann, Sohn und ihrer Dackeldame Berta in Köln. Vor ihrem Studium der Medien- und Kommunikationswissenschaften, Geographie und Germanistik (M.A.) absolvierte sie eine Fotografenausbildung. Heute arbeitet sie vor allem für das ZDF und den WDR und auch freiberuflich liebt sie die Arbeit mit der Kamera. Tiere stehen bei Valentina Kurscheid seit der Kindheit im Mittelpunkt und so konzentriert sie ihre Tätigkeit sowohl als Reporterin, Fotografin und Autorin immer gerne auf tieraffine Themen. Weitere Infos über die Autorin: www.valentina-kurscheid.de

Impressum

FOTOS: frechverlag GmbH, 70499 Stuttgart; lichtpunkt, Michael Ruder, Stuttgart (Seite 6, 8/9, 10, 12 oben, 16 oben, 17 unten, 24, 27 unten, 30/31, 32 unten, 33 oben, 34/35, 36 unten, 37 oben, 38, 42 oben, 43 unten, 48/49, 64 unten, 68 unten, 70/71, 93/94, Autorenportrait, Coverbild); Valentina Kurscheid (alle übrigen)

ILLUSTRATION: © fotolia: Leotura (Katzenpfoten); Vectorig (Katzensilhouetten)

KORREKTORAT: Antje Krause

PRODUKTMANAGEMENT: Regina Herr

LAYOUT: Katrin Röhlig

SATZ: Arnold & Domnick, Leipzig

DRUCK UND BINDUNG: Papergraf s.r.l, Italien

1. Auflage 2014

ISBN 978-3-7724-5949-8
Best.-Nr. 5949